# 无机纳米化学实验教程

主　编　雍　媛
副主编　尤　勇　闫新秀
参　编　罗建斌　李淑昱　陈全亮　万　静
　　　　石治川　蒋雨辰　陈华林　周庆翰

西南交通大学出版社
·成　都·

图书在版编目（C I P）数据

无机纳米化学实验教程 / 雍媛主编. —成都：西南交通大学出版社，2022.8

ISBN 978-7-5643-8863-8

Ⅰ. ①无… Ⅱ. ①雍… Ⅲ. ①无机材料 – 纳米材料 – 应用化学 – 教材 Ⅳ. ①TB383

中国版本图书馆 CIP 数据核字（2022）第 150750 号

Wuji Nami Huaxue Shiyan Jiaocheng

**无机纳米化学实验教程**

**主编** 雍 媛

责任编辑 牛 君
封面设计 原谋书装

出版发行 西南交通大学出版社
（四川省成都市金牛区二环路北一段 111 号
西南交通大学创新大厦 21 楼）
邮政编码 610031
发行部电话 028-87600564 028-87600533
网址 http://www.xnjdcbs.com
印刷 四川森林印务有限责任公司

成品尺寸 185 mm × 260 mm
印张 8.5
字数 181 千
版次 2022 年 8 月第 1 版
印次 2022 年 8 月第 1 次
定价 35.00 元
书号 ISBN 978-7-5643-8863-8

课件咨询电话：028-81435775

# 前言

# PREFACE

近年来，随着纳米科技的蓬勃发展，纳米化学作为一门新兴的交叉学科走进了人们的视野。它将纳米技术和化学有机结合在一起，通过调控有机和无机组分，实现新型纳米材料的设计、制备，同时根据结构-性质的构效关系设计出新的材料，以满足人们衣、食、住、行的需求，在电子器件、化学和生物传感、能源、生物医学等领域拥有广阔的应用前景。

众所周知，自然界的所有传统材料在尺度变小之后都会出现一些意想不到的新特性，胶体材料就是一个典型的例子。科学家们通过控制这些材料的参数（尺寸、形状、表面性质和组成等），采用新发展起来的技术，批量合成具有新特性的多种结构纳米材料，并将其广泛应用于实际场景，尤其在生物医学领域用于提高人类健康和改善生活环境。例如，纳米材料具有身材小巧而灵活等特点，能够作为智能化纳米药物或药物载体，通过血液、皮肤、口腔、呼吸道等多种方式与机体中的生物功能分子（如蛋白质、DNA）和细胞等发生相互作用，把基因或蛋白等药物靶向性输送到人体病变组织，从而实现疾病的诊断和治疗，特别是肿瘤的早期诊断和综合治疗。因此，系统化阐释纳米材料的合成方法、结构表征、性能检测以及与机体作用产生的生物学效应和分子机制，对进一步推进纳米材料在生物医学领域的应用具有十分重要的科学价值和临床意义。总之，纳米化学不仅开创了新的科学领域，而且正在人类的生命健康领域大展宏图。

“无机纳米化学实验”课程是在无机化学实验、基础化学实验和化学综合设计实验等课程的基础上进一步构筑的独立实验课程。课程的目的是使学生系统掌握纳米材料的种类、合成方法、结构表征、性能检测及生物医学应用等基础知识，全方位培养材料科学、化学、生物学和医学等相关交叉领域的专业型人才。本书在内容选择和体系构建时，既体现内容的系统化，又重视对学生纳米生物医学交叉领域的创新思维的培养。全书共 5 章，包括实验室安全及基本要求、无机纳米材料基础合成实验、无机纳米材料表征、细胞生物学应用实验和微生物交叉实验。本书主要针对化学、药学、食品科学和生物学专业学生的知识背景，结合编者自身的科研成果，对实验进行系统化整理和设计，全面、准确地瞄准科学发展前沿，激发学生学习兴趣。书末还附有编写本教材的主要参考文献，供读者在使用过程中查阅和参考。

在本书编写过程中，除了编者科研和教学经验的总结，还参考了其他兄弟院校的相关教材，在此谨表感谢。

由于编者水平有限，书中难免会出现疏漏与不足之处，敬请读者批评指正。

编　者

2022 年 3 月

# 目录

CONTENTS

# 第一章

# 实验室安全及基本要求

## 第一节　实验室安全守则及注意事项

化学实验室是一个相对危险的工作环境，因此实验室必须有严格的规章制度，只有保证实验室的安全才能顺利地开展实验工作。在进入实验室之前，实验人员应当具备较高的安全意识，同时接受实验室安全教育，严格遵守实验室各项安全操作守则。

### 一、实验室安全守则

（1）实验室日常安全管理监督和检查应有专人负责，在进入实验室前需进行相应的实验室安全培训。

（2）实验室仪器设备需经培训考核通过后方可操作，严格执行仪器的规范操作，未经允许严禁随意使用大型仪器。

（3）实验室中有危险性的场所、设备、设施、试剂等要有警示标识。

（4）放置危险化学品的场所要有安全保护设施，针对化学药品的危险程度采取适当的安全措施。

（5）具有毒性与挥发性的实验操作应在通风橱中进行，同时戴好口罩或防护面罩等，以免发生危险。

（6）实验室中的安全设备如灭火器、防火沙和灭火毯应放在通风橱附近，并设置安全标识，了解安全设备确切位置和使用方法。

（7）实验室应保持通风，保持消防通道的通畅以及安全防护设施、设备的正常使用。

（8）实验室产生的废弃物要按规定进行分类处理与收集。

（9）做实验时不能穿拖鞋、短裤，禁止露出脚踝，女生不能穿裙子，且应将头发束好。在实验过程中必须穿实验服、戴手套，操作具有腐蚀性、毒性、感染性的药品时应当带上防护手套，使用时多加注意。

（10）离开实验室前检查实验室电路和仪器开关状态，切断电源开关，避免实验室发生危险。

## 二、实验室注意事项

（1）在实验工作开展前，首先要掌握实验的基本原理，了解实验过程中所需的设备和操作；其次，实验人员必须穿戴实验服和手套，做好所有准备工作，方可开始实验。

（2）实验过程中必要时需佩戴防护眼镜，实验结束离开实验室前必须洗手清洁。

（3）禁止在实验室吃东西、喝水、吸烟，在实验过程中禁止做与实验无关的事情，以免注意力被分散发生危险。

（4）使用有毒或者挥发性的化学试剂，如浓硝酸、浓硫酸、氨水等，均须在通风橱中进行，戴好手套与防护眼镜。

（5）取用药品或试剂时，须将瓶塞倒置放在洁净的实验台上，取用完毕后立即盖好密封放回原位储藏，禁止将实验剩余药品倒回原瓶。

（6）稀释溶液时，如稀释浓硫酸，必须在耐热容器中进行，并且在不断搅拌下，缓慢将浓硫酸加入水中，不能将水注入浓酸中，防止酸液溅射。

（7）使用玻璃器皿时要轻拿轻放，以免损坏造成伤害；对于实验中不小心打碎的玻璃器皿，需要及时将碎片收集起来集中处理，使用过的注射器需将针头和针管分别收纳集中处理。

（8）实验过程中，因不可避免地接触有毒有害化学试剂或生物试剂，因此禁止戴手套使用手机，接触面部、头发等裸露部位；同时，禁止戴手套触摸实验室门把手以及进入休息室。

（9）实验过程中产生的某些具有化学毒性或生物毒性的废液，应严格按照废液处理规定处理，倾倒在指定容器中，严禁直接倒入下水道；对于强酸性或强碱性溶液应分别收集至废液桶中；对含有细菌的废液或琼脂平板，需要先用 84 消毒液或高压灭菌处理后，装入密封袋中方可丢弃；经过实验处死的动物禁止乱扔，需统一回收处理。

（10）实验过程中，不清楚某些仪器设备如何使用时，应及时询问实验室指导老师或其他实验人员，未经许可不得随意乱调试机器，以免损坏仪器。

（11）做细菌或者细胞实验时，应在超净台中操作，严格遵守细胞间和超净台的无菌环境，佩戴口罩、手套和帽子，做好消毒工作。

（12）实验室里禁止大声喧哗打闹，以免发生危险。

（13）实验结束后，整理好实验器材，关闭实验仪器设备，清理实验操作台面，切断仪器电源，关好门窗和水龙头。

# 第二节　常用实验室仪器的操作规范

无机纳米化学实验中经常使用的仪器设备包括电子天平、移液器、超声波细胞粉碎机、高速离心机等。具体使用方法如下所述。

## 一、电子天平

电子天平作为定量分析实验中最主要、最常用的仪器，具有精度高、显示时间快等特点，由于称量误差会直接导致实验结果的准确性，所以掌握仪器的正确操作至关重要。

（1）首先，确定电子天平接通电源，并确保水平放在实验室台面上（图 1-1）。按“ON/OFF”键打开仪器，检查天平精度，如仪器精度存在偏差，需要通过调节仪器校准按钮等方式，使天平精度达标后不再随意挪动。

（2）根据实验不同需求选择合适精度的电子天平（如千分之一即 1 mg，万分之一即 0.1 mg），打开电源后，将称量纸或者底托放在称量台上，按“Tare”（去皮）键清零，小心称量药品，随后即可读取称量药品数值。称量结束后需及时清理称量台上撒落的药品，避免某些药品腐蚀天平。

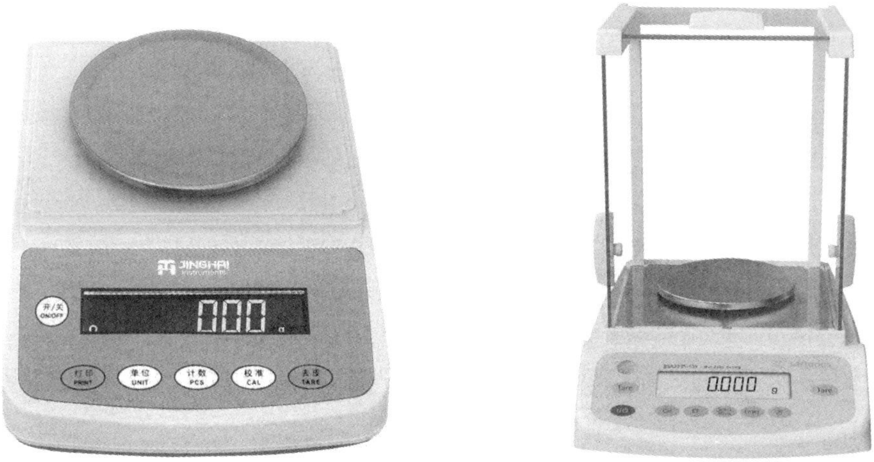

图 1-1　不同类型的电子天平

## 二、移液器

移液器是一种配置实验试剂过程中采用的必备微量加样器，是连续可调、计量和转移液体的专用器材。移液器的基本工作原理是依据胡克定律，在一定限度内弹簧伸展的长度与弹力成正比，即移液器的吸液体积与移液器内的弹簧伸展的长度成正比。移液器内活塞通过弹簧的伸缩运动来实现吸液和放液，在活塞推动下，排出部分空气，利用大气压吸入液体，再由活塞推动空气排出液体。目前基础科学实验常用的移液器主要有空气垫移液器、活塞正移动移液器、多通道移液器和电子移液器。普通的微量移液器采用内置式气体活塞，活塞设计在移液器内部，依靠推动空气来进行吸液和放液，活塞不与液体直接接触。目前，微量移液器包括不同规格的单道移液器（包括 1 μL、20 μL、100 μL、200 μL、1 mL 和 10 mL 等多种规格）和多道移液器（如 8 道和 12 道等）（图 1-2）。

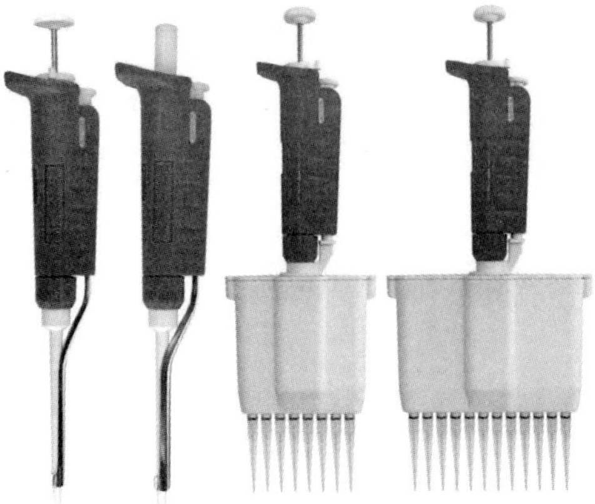

图 1-2　不同规格的移液器

具体操作方法如下：

（1）根据实验需要选择合适量程的微量移液器，并设置移液体积

对于实验的不同需求，为更加准确吸取实验试剂，当移液体积同时满足两种或多种微量移液器吸取量程时，应尽可能选择小量程移液器移取液体，而避免使用大量程移液器，减小实验误差。

（2）配备合适的移液器枪头

对于常用的单道移液器，可直接将移液器垂直插入枪头，微微旋转，使其连接紧密即可（图 1-3）。对于多道移液器，则需要将移液器的第一道对准第一个枪头倾斜插入，禁止用移液器撞击枪头，这将导致移液器中的弹簧精度受损。应随时补充盒中的枪头，实验人员须戴干净的一次性橡胶手套装取枪头，避免枪头被污染。

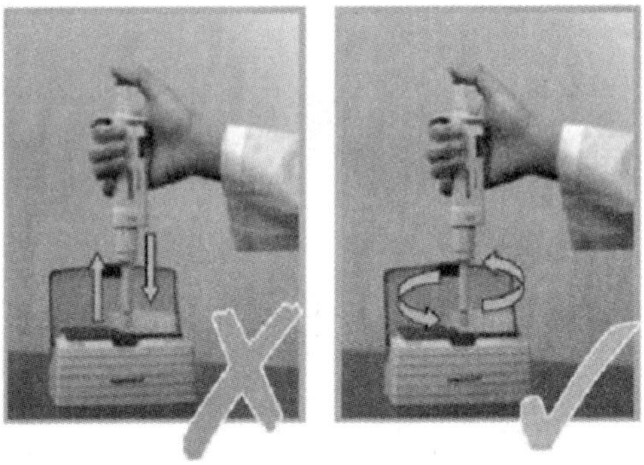

图 1-3　配备合适移液器枪头的正确方法

（3）吸液与放液操作

在吸取液体之前，需用同一样品重复吸液排液 2~3 次进行润洗，其目的是为以后每次吸液提供相同的接触面，保证操作的一致性（注意：高温或者低温液体请不要润洗）。吸取液体时，吸头尽量保持垂直状态，倾斜角度不能超过 20°，而且动作要轻缓，平稳松开按钮，切记不能过快，避免冲力太大将液体吸入腔体，从而造成移液器腔体

内部被腐蚀。在吸取到设定体积的液体后，可等待 3 s 后再移出液面；放液时，吸头紧贴容器壁缓慢放出，先将排放按钮按至第一停点，略停顿以后，再按至第二停点，这样做可以确保吸头内无残留液体，避免液体飞溅造成损失（图 1-4）。

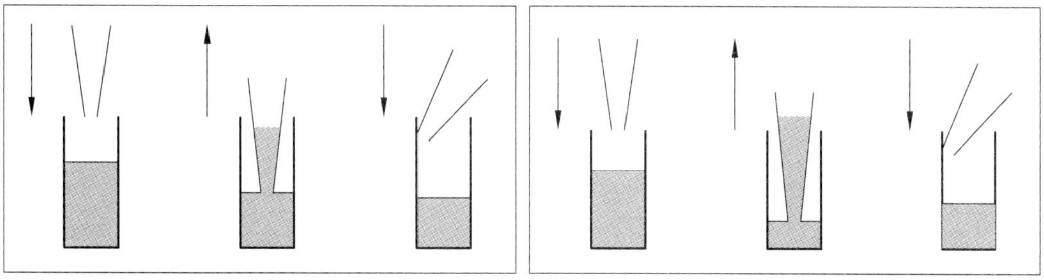

（a）正向吸液　　（b）反向吸液

图 1-4　正确的吸液方法

（4）使用注意事项

尽量避免吸取具有强挥发性的液体，防止挥发的蒸汽进入腔体内损坏移液器。待使用结束后，需将移液器调回到最大量程，避免移液器内弹簧长时间压缩失去弹性，降低移液器准确度。

## 三、超声波细胞粉碎机

超声波细胞粉碎机由于具有实现提取、粉碎、乳化、均化、悬浮液、变异、气悬体、加速脱溶、晶化及在电子显微镜下配制各种生物样本等多种功能，因此成为生物实验中最常用仪器之一（图 1-5）。超声波细胞粉碎机的工作原理是利用超声波在液体中的分散效应，使液体产生空化的作用，从而使液体中的固体颗粒或细胞组织破碎。超声波细胞粉碎机由超声波发生器和换能器两大部分组成。细胞粉碎机具有自动调频起振、跟踪显示输出实际有效功率和温度保护探头等功能，可有效避免在破碎中由于温度过高破坏样品。

图 1-5　超声波细胞粉碎机

具体操作方法如下：

（1）首先，打开仪器电源开关，按“SET”键进行参数设置，通过“▲”或“▼”键选择超声开/关时间设定项，只需输入需要的数字即可。同样，通过“▲”或“▼”键还可设置槽温度和超声波输出功率为所需数字。

（2）在使用仪器前，用乙醇擦拭超声探头，将装有待破碎溶液的烧杯放在探头下，抬升底座，使探头伸入溶液内并与烧杯底部保持 1 cm 左右的间隙，关上仪器门，调好参数，点“确定”开始超声。超声结束后，取出破碎溶液，用乙醇清洗探头。

（3）使用注意事项：温度保护设置点必须比室温或样品温度高 5 ℃以上；严禁在变幅杆未插入液体内（空载）时开机；由于超声空化效应，使液体温度快速升高，所以建议采用短时间（超声工作 1~2 s，间隙 2~3 s 的方式工作）多次破碎，同时可外加冰浴冷却。

## 四、高速离心机

高速离心机是实验过程中分离固体和液体最为重要的工具（图 1-6）。它的工作原理是利用转子高速旋转产生的强大离心力，分离液体与固体颗粒或液体混合物中各组分，适用于微量样品快速分离合成。

图 1-6　高速离心机

具体操作方法如下：

（1）首先，接通电源，打开开关，确认仪器是否能够正常工作。按“STOP”键打开离心机盖，放入离心管（切记对称放置），再按“SET”键调节速度和时间，按“ENTER”键确认后，点击“START”键开始离心。

（2）使用注意事项：离心管中样品体积不宜过满，避免在离心过程中样品外溢，腐蚀机器；离心管需装入相同体积液体，并对称放置；在离心结束后，必须及时清理离心机空腔内的冷凝水，防止因生锈损坏仪器。

# 第三节　实验数据及实验报告

## 一、实验数据

无机纳米化学实验主要涉及化学定性和定量分析检测。化学定性分析检测主要是利用样品中的化学成分与某些试剂产生特殊的颜色反应或沉淀反应来确定样品的种类或者样品中存在物质的比例；化学定量分析检测则主要是利用分析方法准确测定样品中物质的含量。因此，在实验结束后，实验人员需对实验获得的数据和结果进行系统性处理与分析，认真判断实验结果的准确性，仔细分析产生实验误差的原因，并进一步改进实验，减小实验误差，不断提高实验数据的准确度。

实验过程中通常因为测量仪器、方法、实验条件以及实验者本人不可避免地存在一定局限性，导致误差的产生，只有系统性了解误差产生的原因、性质及有关规律，从而在后续实验中设法控制和校正，并对测量的结果进行适当处理，以达到实验可接受的程度。一般根据误差性质可分为系统误差和偶然误差。

### （一）有效数字

有效数字是化学实验过程中能够实际测量到的数据，是实验人员在记录和处理数据时经常用到的，包括最后一位估计的、不确定的数字。把测量结果中能够反映被测量大小的带有一位存疑数字的全部数字叫有效数字。有效数字位数的数法，就是一个数从左起第一个不为 0 的数字数起到末尾数字为止，所有的数字（包括 0），称为有效数字。有效数字的位数说明一个测定的准确度，应当符合这个测定（包括测定过程中的每一步）总的准确度。用仪器进行检测时，能读出几位有效数字即记录时能记几位有效数字。

根据上述分析，在使用仪器进行检测时，我们可依据下述两种方法之一来具体确定有效数字的位数。①根据仪器的分辨率来确定。此时有效数字的位数除了由仪器的刻度上读取的准确数字外，再估计一位数字。如一支 25 mL 滴定管，其刻度只准确到 0.1 mL 读取时可估计到 0.01 mL。假设我们观察到滴定管中液面位于 18.4 mL 与 18.5 mL 之间，经估计，液体的体积为 18.46 mL，这就是我们读取的有效数字。②根据仪器测量误差来确定，即测量的绝对误差到哪一个数位，检测结果就读到哪一个数位。为此我们第一步的工作是首先确定测量误差的有效数字。如实验室通常使用的台秤的精密度为 0.1 g，也就是说它的绝对误差是在小数点后一位。因此，称量结果就只能读到小数点后一位。若某物体在台秤上称量得 8.3 g，则该物的质量可表示为(8.3±0.1) g，它的有效数字是 2 位。此外，一般未标精度的仪表误差通常产生在它所显示的数据末位，如万分之一电子天平显示出 2.5634 时，万分位上的 4 是存疑数字，但非估读数。

综上所述，在实验过程中，应尽可能选择准确度相类似的仪器，否则由于仪器准确度不同可能会导致实验的整个测定结果准确度降低，产生误差。

（二）系统误差

系统误差是指测量的一系列数值均存在相同倾向的偏差，一般大于真值或小于真值，是指一种非随机性误差。产生系统误差的原因一般是由于某种特定的原因引起的，它具有重复性、单向性、可测性。在相同的条件下，重复测定时会重复出现，使测定结果系统偏高或系统偏低，其数值大小也有一定的规律。如多次测量分析，发现实验过程存在系统误差，可找出原因，采取一定措施，减小或避免。

**1. 系统误差的产生**

（1）仪器误差：如仪器本身的缺陷或没有按规定条件使用仪器而造成的误差。例如，仪器的零点不准，仪器未调整好，外界环境（如光线、温度、湿度、电磁场等）对测量仪器的影响等所产生的误差。

（2）方法误差：如用滤纸称取易潮解、易被氧化的药品；做细胞与细菌相关实验等没有严格控制温度的影响。

（3）操作误差：观测者个人感官和运动器官的反应或习惯不同而产生的误差，它因人而异，并与观测者当时的精神状态有关。比如，在配制缓冲溶液的定容阶段，由于每个人目光与凹液面相切不完全一致，这可能导致实验产生较大的误差。

（4）试剂误差：如所用蒸馏水含有杂质或所使用的试剂不纯所引起的测定结果与实际结果之间的偏差。

**2. 系统误差的校正**

（1）仪器校正：在开展实验之前检查仪器，并对使用仪器进行校正，以减小误差。

（2）纠正操作：在实验前熟悉所需药品的性质与实验操作，纠正不良的实验操作习惯。

（3）空白实验：在任何测量实验中都应增加空白实验组作为对照。在进行样品紫外-可见吸光度的检测时，需要用同体积的蒸馏水或样品中的缓冲液代替待测溶液，并严格按照待测液的相同方法进行测定，即得到空白溶液的吸光度。在实验结束处理数据时，应从实验测得的结果中扣除从空白溶液中得到的吸光度值，即可得到待测液的准确吸光度值。

（三）偶然误差

偶然误差与系统误差不同，误差的大小是偶然发生的，且不固定，一般不可预测。实验步骤和分析步骤越多，出现偶然误差的概率就越大，因此也不易控制。对于产生的偶然误差，应对实验仪器、试剂、方法等进行全面检查，分析产生原因。一般影响生物实验的因素是包含多方面的，如实验时温度、相对湿度和气压等环境条件的不稳定，实验人员操作的微小差异以及仪器的不稳定都会对实验结果产生较大误差。特别是不清楚某些因素对实验是否存在影响，导致实验结果的重复性较差。针对减小偶然误差的方法，主要通过进行多次平行实验，取平均值来减小误差范围。实验过程中还存在着人为因素引起的误差，由于实验人员的操作失误会对实验数据造成较大误差。然而，这种误差是可以避免的。所以在实验中一定要集中注意力，避免操作失误，养成良好的实验习惯和严谨的科研作风，减少实验误差的产生。

## 二、实验报告

实验报告是在科学研究活动中人们为了检验某一种科学理论或假设，通过实验中的观察、分析、综合、判断，如实地把实验的全过程和实验结果用文字形式记录下来的书面材料。实验报告具有情报交流的作用和保留资料的作用，实验报告对实验人员具有十分重要的作用，对实验人员探究实验可能性和改善实验具有重要意义。因此，实验人员需做到在实验前认真预习，了解实验目的、原理和操作方法，写好预习报告，便于作为实验操作的参考。对于实验过程中观察到的现象与数据结论及时记录。实验记录必须保证数据的准确性和真实性，只有真实的实验数据才能正确地分析实验结果，因此务必详细记录实验所用材料、试剂、浓度、pH 等，切勿根据课本已知的实验现象编造、修改数据。如观察到的实验结果不理想，必须重做实验。实验结束后，应及时整理和处理数据，书写实验报告。其主要内容由以下部分组成：

（1）实验标题：记录实验时间、实验地点、实验人员、实验室条件（如温度、湿度等）。

（2）实验名称和实验目的。

（3）实验原理：简要写出实验原理理论指导，便于后续实验人员对实验的初步了解。

（4）实验材料和实验仪器：认真记录实验材料的规格、浓度及制备方法。

（5）实验步骤：根据实验指导书，结合自己的实验操作过程，简明扼要地写出实验步骤，也可采用工艺流程图的方式进行实验步骤的梳理。实验步骤必须简明清楚，便于他人重复验证实验。

（6）实验结果：对实验现象、数据进行整理分析，得出实验结论。特别在生物化学实验中，需对标准样品进行一系列分析测定，绘制标准曲线等。

（7）讨论：根据整个实验过程、实验结果进行总结、分析，对得到的正常结果和出现的异常现象及教师提出的思考题进行探讨、研究，也可对实验设计和实验方法提出合理的改进意见。

# 第二章

# 无机纳米材料基础合成实验

## 实验一　机械剥离法制备二硫化钨纳米片

### 一、实验目的

（1）掌握二硫化钨纳米片的制备原理。

（2）理解机械剥离二硫化钨纳米片的制备方法和实验技术。

（3）了解二硫化钨纳米片的用途。

### 二、实验原理

硫化钨，又名二硫化钨，化学式为 $WS_2$，分子量 247.97，是一种典型的过渡金属硫化物窄带半导体材料。其固体粉末性质：灰色带金属光泽的细小结晶或粉末，在自然界出现为辉钨矿，相对密度为 7.510 $g/cm^3$，熔点 1250 ℃，属于六方晶系，有半导体性和抗磁性。

固体 $WS_2$ 粉末具有类石墨烯层状结构，易被剥离，且具有与石墨类似的润滑性质，不仅适用于普通润滑条件，而且可以用于高温、高压、高真空、高负荷、有辐射及有腐蚀性介质等苛刻的工作环境。$WS_2$ 固体粉末几乎在所有的介质中都不溶解，包括水、油、碱和几乎所有的酸，使得 $WS_2$ 固体粉末的分散性和可操控性下降，限制了 $WS_2$ 固体粉末的应用。在外加插层剂和细胞破碎机的共同协助下，$WS_2$ 固体粉末可以在水溶液中被剥离开来，形成 $WS_2$ 纳米片（图 2-1），解决了 $WS_2$ 固体粉末分散难的问题。

$WS_2$ 作为一种典型的硫族半导体，是一类非常重要的无机功能材料。其纳米片表现出一系列不同于固体本体材料的优异理化性能，比如，$WS_2$ 纳米片水溶液显深灰色，对紫外、可见和近红外光都具有较强的吸收，并且具有较高的热转化效率和较强的 X 射线吸收能力，在催化、电池、环境及生物医学领域具有极其重要的应用前景。众所周知，纳米材料的物理化学性质与其化学组成、结构、尺寸、表面、维度等因素紧密相关，在实验过程中需探讨优异的合成方法，以制备出预期的优良性能的纳米材料。本实验采用机械剥离法，以浓硫酸作为小分子插层剂在温和的条件下制备 $WS_2$ 纳米片。

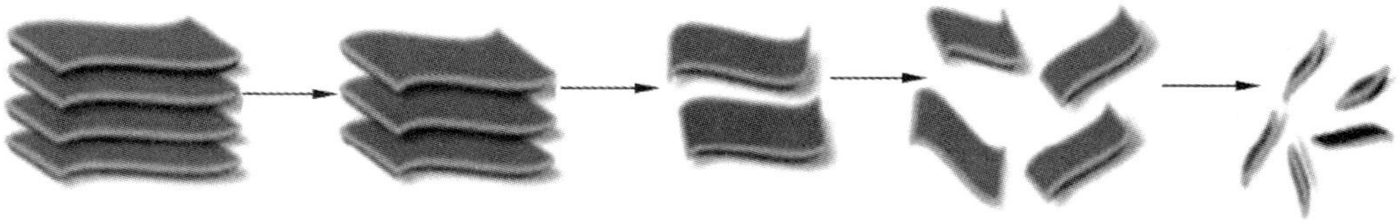

图 2-1　$WS_2$ 纳米片合成示意图

## 三、仪器与试剂

**1. 仪　器**

量筒（50 mL）、烧杯（50 mL、250 mL）、烧瓶（250 mL）、玻璃棒、移液枪（1 mL、5 mL）、电子分析天平、油浴锅、磁力搅拌器、低速离心机、冷冻干燥机、超声波清洗器、分光光度计。

**2. 试　剂**

二硫化钨（固体）、浓硫酸（分析纯）、氢氧化钠颗粒、超纯水。

## 四、实验内容

**1. $WS_2$ 纳米片的制备**

首先称取约 20 g 商用 $WS_2$ 固体样品，将其置于行星式球磨机研磨 4 h。结束后，用电子分析天平称取 60 mg 研磨过的 $WS_2$ 粉末置于 250 mL 圆底烧瓶中，随后用专用量筒量取 60 mL 浓硫酸加入上述圆底烧瓶中，共同置于 90 ℃油浴锅中搅拌加热 24 h，实现硫酸小分子插层进入 $WS_2$ 层间，削弱 $WS_2$ 层间的范德华力。待实验结束后，采用低速离心机以转速为 6000 r/min 离心 10 min，收集试管底部硫酸小分子插层后的产品。随后用氢氧化钠溶液中和掉上清液的浓硫酸，接着用去离子水洗涤 4 次，以去除残留的 $H_2SO_4$。将经过硫酸小分子插层后的产品收集至烧杯中，用约 20 mL 蒸馏水进行分散溶解，接着置于冰浴中用细胞破碎机剥离 2 h（注：2 h 为后效时间，且需要适时更换冰块，冰浴的温度不能超过细胞破碎机的使用上限温度）。结束后，将上述被剥离后产品以转速为 12 000 r/min 离心 20 min，弃去上清液，将沉淀物用超纯水离心反复洗涤 3~4 次，最后将上述沉淀物分散在 20 mL 蒸馏水并置于 4 ℃保存，可取一少部分进行冷冻干燥用于后续的材料表征。

**2. $WS_2$ 纳米片的形貌和结构表征**

采用扫描电子显微镜（SEM）和透射电子显微镜（TEM）形象直观地观察 $WS_2$ 纳米片的形状和尺寸，采用 X 射线衍射仪对 $WS_2$ 纳米片的晶体结构进行表征，采用能量散射谱获得 $WS_2$ 纳米片的元素组成。

## 五、实验结果和处理

（1）所得 $WS_2$ 纳米片的质量为________，产率为________。

（2）XRD 表征结果中，特征衍射峰对应的 $2\theta$ 衍射角为________，$WS_2$ 纳米片的

JCPDS 数据库中，特征衍射峰对应的 $2\theta$ 衍射角为________。

（3）SEM 和 TEM 表征结果显示：$WS_2$ 纳米片形状为________，尺寸约为________。

## 六、注意事项

（1）用电子分析天平称取试剂时要遵守合理的操作规范。

（2）在使用 NaOH 中和浓 $H_2SO_4$ 时，遵守正确的实验操作，规范佩戴手套（NaOH 和浓 $H_2SO_4$ 均具有强腐蚀性）。

（3）使用离心机进行离心操作时离心管必须对称放置，防止机身震动，若只有一支试管时，另取一支试管装入等量的超纯水进行代替，并对称放置。

（4）在 $WS_2$ 纳米片合成的机械剥离阶段，需要适时更换冰浴的冰块，冰浴的温度不能超过细胞破碎机的使用上限温度，以免造成仪器的损伤。

## 七、思考题

（1）$WS_2$ 纳米材料的制备方法有哪些？

（2）$WS_2$ 的主要性质有哪些？其性质分别具体运用于哪些领域？

（3）本实验中浓硫酸的作用是什么？

## 附注

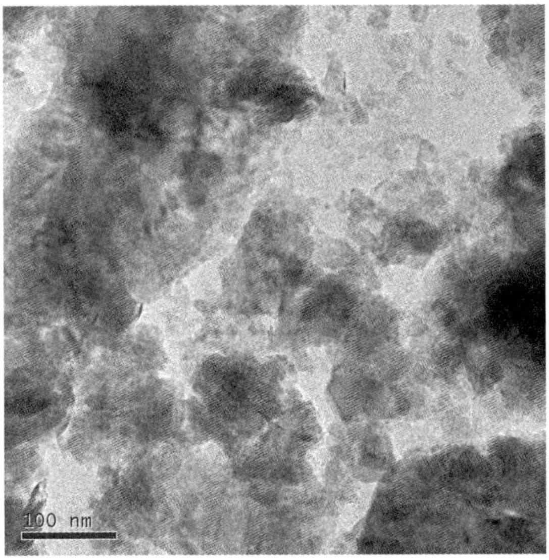


图 2-2　$WS_2$ 纳米片透射电镜图

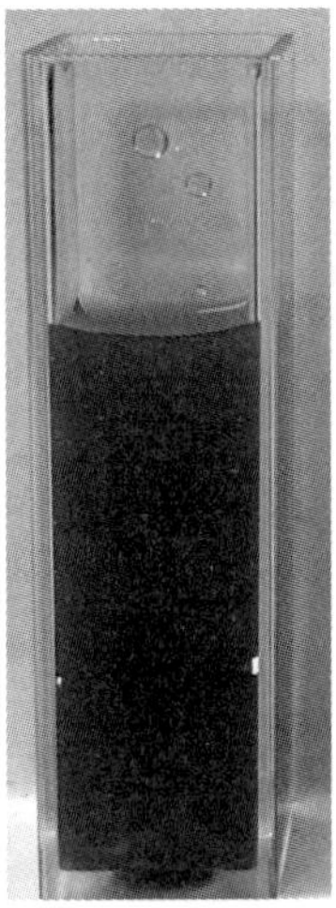

图 2-3　$WS_2$ 纳米片水溶液

# 实验二　水热法合成铁（Ⅲ）掺杂二硫化钨纳米材料

## 一、实验目的

（1）掌握铁（Ⅲ）掺杂二硫化钨纳米材料的制备原理。
（2）理解铁（Ⅲ）掺杂二硫化钨纳米材料的制备方法。
（3）了解铁（Ⅲ）掺杂二硫化钨纳米材料在生物医药领域的应用。

## 二、实验原理

二维过渡金属硫化物（TMDCs）是一类典型的类石墨烯材料，具有独特的物理结构和优异的理化性能，在催化、电学、环境等领域具有重要的应用价值。其对应的纳米材料具有可调节带隙、巨大的比表面积、优异的光电性能、丰富而高催化活性的暴露边缘等独特的物理和化学特性，在各种研究领域获得了巨大的关注，特别是在催化剂、传感器、储能器、生物医学领域。其中，二硫化钨又名硫化钨，化学式为 $WS_2$，是一种典型的 TMDCs 窄带半导体材料。

近年来，窄带半导体材料，尤其是二硫化钨纳米材料在生物医药领域运用越来越广泛。二硫化钨具有优异的光热性能，尤其是在近红外光区吸收，常常利用这一特性将其运用于生物医药领域，如光热疗法。近年来，科学家们发现帕金森综合征及胰腺癌等多种疾病与生命体内铁凋亡相关，并发现可以通过激活或抑制铁凋亡来干预疾病的发展，成为近年来生物医学领域研究的热点。铁凋亡（Ferroptosis）是在小分子物质诱导下发生的氧化性细胞死亡的一种方式，具有铁离子依赖性，是细胞内脂质活性氧（Reactive Oxygen Species，ROS）生成与降解的平衡失调所致。在这过程中起关键作用的是铁凋亡诱导剂，其通过不同的通路直接或间接作用于谷胱甘肽过氧化物酶（Glutathione Peroxidase，GPXs），导致细胞抗氧化能力降低、ROS 堆积、最终引起细胞氧化性死亡。因此，本实验在前期实验的基础之上，采用铁（Ⅲ）掺杂二硫化钨纳米片（图 2-4），一方面，$WS_2$ 纳米片本身具有优异的光热性能；另一方面，Fe（Ⅲ）

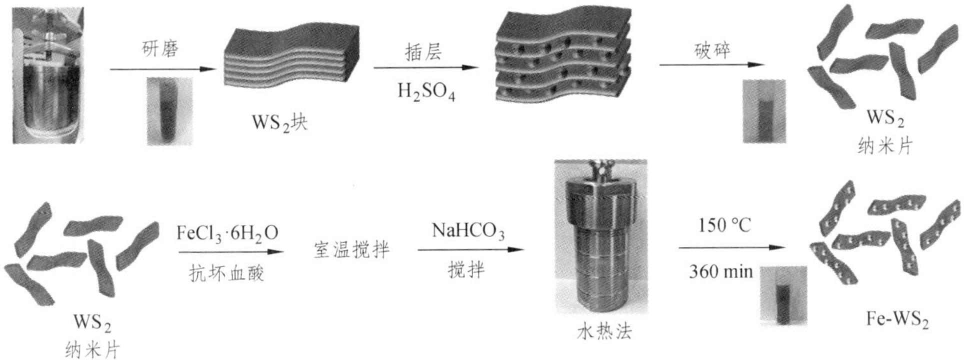


图 2-4　Fe-$WS_2$ 纳米材料合成示意图

离子在肿瘤微环境中过表达的谷胱甘肽下还原为Fe(Ⅱ)，从而实现铁凋亡，这为进一步将铁（Ⅲ）掺杂二硫化钨纳米材料应用于生物医药领域提供了可能。

## 三、仪器与试剂

### 1. 仪　器

量筒（50 mL）、烧杯（50 mL）、玻璃棒、移液枪（1 mL、5 mL）、电子分析天平、反应釜（100 mL）、磁力搅拌器、低速离心机、超声清洗机、冷冻干燥机。

### 2. 试　剂

二硫化钨（固体）、浓硫酸、$FeCl_3 \cdot 6H_2O$、抗坏血酸、$NaHCO_3$、超纯水。

## 四、实验内容

### 1. $WS_2$纳米片的制备

按照实验一的相同步骤进行制备。

### 2. 铁（Ⅲ）掺杂二硫化钨纳米材料的制备

首先使用电子天平分别称取 15 mg 上述成功制备的 $WS_2$ 纳米材料、15 mg $FeCl_3 \cdot 6H_2O$、15 mg 抗坏血酸，将其共同溶于 30 mL 超纯水中，在室温下磁力搅拌60 min。待分散均匀后，向上述溶液中加入约10 mg $NaHCO_3$，直到不产生气体，继续搅拌20 min。然后将上述溶液转移至100 mL反应釜中，置于150 ℃的烘箱中反应6 h。待反应结束后，打开反应釜，收集样品并采用低速离心机以转速为12 000 r/min进行离心，离心20 min，弃去上清液，将沉淀用超纯水反复洗涤3~4次，最后将产物均匀分散在30 mL超纯水中，置于4 ℃冰箱中保存。

## 五、注意事项

（1）在使用反应釜时，遵守实验操作，拧紧外壳，并且釜中溶液总体积不能超过反应釜体积的2/3。

（2）在滴加浓 $H_2SO_4$时，一定遵守正确的实验操作，规范佩戴眼罩和手套（NaOH和浓 $H_2SO_4$均具有强腐蚀性）。

## 六、思考题

（1）光热治疗中 $WS_2$的作用机理是什么？

（2）掺杂铁的主要目的是什么？主要应用于哪些领域？

（3）抗坏血酸在本实验中的主要作用是什么？

# 实验三　水热法合成磷钨酸铋纳米团簇

## 一、实验目的

（1）学习水热法的基本原理和操作。

（2）掌握水热法合成磷钨酸铋纳米团簇的方法。

（3）了解磷钨酸铋纳米团簇的应用。

## 二、实验原理

水热法是指高压釜中，通过对反应体系加热加压，创造一个相对高温、高压的反应环境，使通常难溶、不溶的物质溶解而达到过饱和，进而析出晶体的方法。与熔体法等不同，水热法避免晶体相变引起的物理缺陷，因而产品的缺陷更少。同时，水热法特别适宜于结晶粉体的制备，晶粒发育完整、粒径小、分布均匀、团聚较低。水热法中很容易控制化学计量比和晶粒形态，能使用便宜原料。基于这些优点，水热法广泛应用于高性能粉体材料的制备中。

磷钨酸铋（$BiP_5W_{30}$）是一种典型的多金属氧酸盐（POMs），在能源电化学、催化、抗肿瘤、抗菌及抗病毒等领域有着广泛的应用。$BiP_5W_{30}$被肿瘤微环境中过表达的谷胱甘肽（GSH）还原后，得到的还原产物在近红外光区具有强烈的吸收，因此可以其作为光热试剂应用于肿瘤的光热治疗。$BiP_5W_{30}$纳米团簇（图 2-5）的尺寸非常小（约 3 nm），在弱酸性的肿瘤微环境中能通过氢键自组装为更大尺寸，增强其对近红外光的吸收，并通过增强实体瘤的高通透性和滞留效应（EPR）而在肿瘤内积累。由于$BiP_5W_{30}$在中性介质中极小的尺寸和优异的水溶性，它可以较快地从体内代谢，大大减少了其在体内长期蓄积所带来的毒副作用。由于$BiP_5W_{30}$纳米团簇中含有 Bi 和 W 等多个高原子序数金属元素，可增强细胞内对 X 射线的辐射沉积，因此其具有良好的放射增敏效应。除此之外，$BiP_5W_{30}$还可作为 CT 及 PA 成像造影剂。综上所述，$BiP_5W_{30}$纳米团簇不仅可以作为 CT/PA 造影剂和热疗/放疗增敏药物，实现多模态图像引导的光热/放射协同治疗，而且毒副作用小，它有望为建立基于多金属氧酸盐的智能医药治疗平台设计提供一种新的思路。

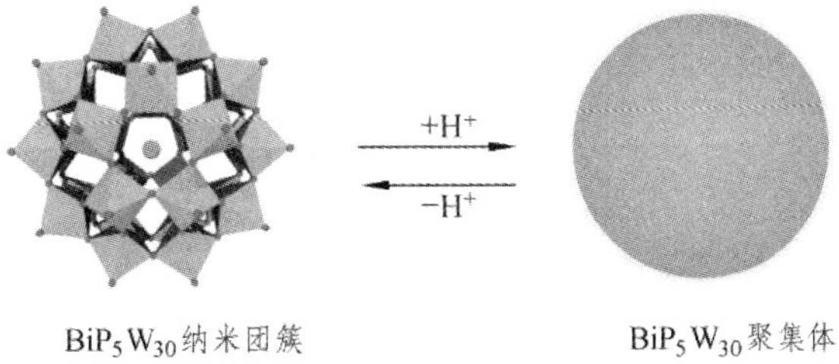


图 2-5　$BiP_5W_{30}$纳米团簇示意图

## 三、仪器与试剂

**1. 仪　器**

电子天平、量筒、烧杯、高压反应釜、抽滤瓶、布氏漏斗、烘箱。

**2. 试　剂**

钨酸钠二水合物（$Na_2WO_4 \cdot 2H_2O$）、85% $H_3PO_4$、氯化钾、醋酸钾、甲醇、$Bi(NO_3)_3 \cdot 5H_2O$。

## 四、实验内容

**1. $K_{12.5}Na_{1.5}[NaP_5W_{30}O_{110}] \cdot 15H_2O$ 的制备**

将 16.5 g $Na_2WO_4 \cdot 2H_2O$ 溶于 15 mL 纯水中以形成均匀溶液，向其中加入 13.25 mL 85% $H_3PO_4$。将混合物倒入反应釜中，在 120 ℃下反应 12 h。待反应釜冷却至室温后，向淡黄色溶液中加入 7.5 mL 纯水和 5 g KCl 固体，立即产生大量白色沉淀。滤出沉淀，并用 2 mol/L 乙酸钾溶液和甲醇洗涤沉淀。待沉淀干燥后，将其溶于 15 mL 热水（约 65 ℃）中，冷却至室温后，放入冰箱冷却结晶。抽滤得到白色晶体，用水洗涤，干燥后得到 $K_{12.5}Na_{1.5}[NaP_5W_{30}O_{110}] \cdot 15H_2O$。

**2. $BiP_5W_{30}$ 纳米团簇的制备**

将 1 g $K_{12.5}Na_{1.5}[NaP_5W_{30}O_{110}] \cdot 15H_2O$ 溶于 12 mL 纯水中，并加热至 60~70 ℃。随后逐滴加入 3 mL $Bi(NO_3)_3 \cdot 5H_2O$（0.24 mmol）水溶液。将混合物倒入反应釜中，在 160 ℃下反应 12 h。待反应釜冷却至室温后，加入 4 g KCl 固体以形成沉淀。将白色固体抽滤收集，并用 2 mol/L 乙酸钾溶液和甲醇洗涤，干燥后得到 $BiP_5W_{30}$ 纳米团簇。

## 五、实验结果和处理

（1）$BiP_5W_{30}$ 纳米团簇的外观为_______。

（2）FT-IR 表征结果中，特征峰对应的波数为_______、________及_______。

（3）SEM 和 TEM 表征结果显示：$BiP_5W_{30}$ 纳米团簇形状为_______，尺寸约为_______。

## 六、思考题

（1）列举几种典型多金属氧酸盐的制备方法及相关应用。

（2）讨论水热法与重结晶法制备多金属氧酸盐的优缺点。

（3）产物能否用水洗涤？

# 实验四　$GdP_5W_{30}$@$WS_2$复合材料的制备

## 一、实验目的

（1）了解纳米材料表面功能化的方法。

（2）学习二维纳米材料及其复合材料的特点及应用。

## 二、实验原理

二硫化钨（$WS_2$）作为一种典型的二维过渡金属硫族化合物（TMDCs），其具有独特的超薄二维结构、良好的生物相容性、卓越的光催化性能和光热转换性能，是在光热治疗、诊断成像、生物传感及抗菌治疗等纳米医学领域中具有广泛应用潜力的纳米材料。磷钨酸钆（$GdP_5W_{30}$）是一种典型的多金属氧酸盐，它们能够通过氧化还原反应消耗谷胱甘肽（GSH），并催化 $H_2O_2$ 分解为具有细胞毒性的羟基自由基。构建新型多金属氧酸盐复合二硫化钨纳米片的复合材料结构（$GdP_5W_{30}$@$WS_2$）（图 2-6），可以将多金属氧酸盐的诊断成像、产生 ROS 的能力和 $WS_2$用于热疗的光热转换功能集于一体，且实现“1+1>2”的治疗效果，构建多功能治疗纳米平台。一方面，磷钨酸钆使 $GdP_5W_{30}$@$WS_2$ 纳米结构在酸性的条件下自聚集，增强其对近红外光的吸收，从而实现更强的光热治疗效果。同时，由于磷钨酸钆中 Gd 的存在，$GdP_5W_{30}$@$WS_2$ 可以作为 mRI/CT 造影剂实现多模态成像。另一方面，$WS_2$ 在近红外光的照射下产生大量热，可以促进磷钨酸钆与 $H_2O_2$ 发生 Fenton 反应产生更多的羟基自由基。

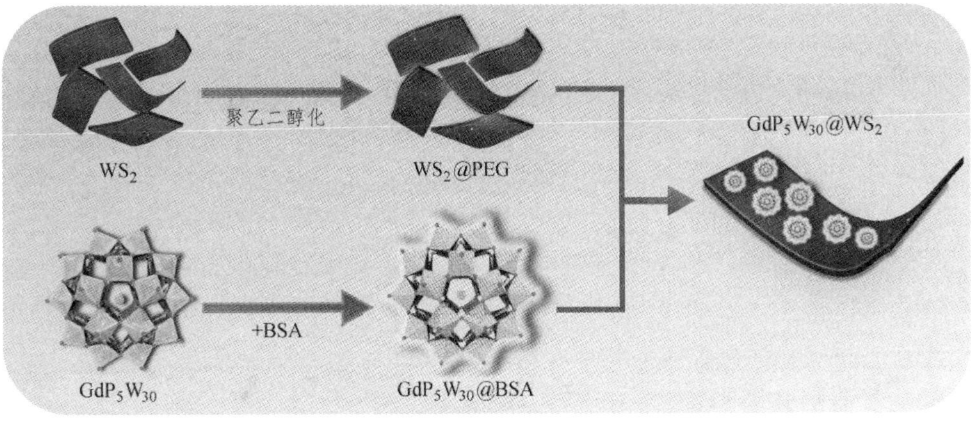


图 2-6　$GdP_5W_{30}$@$WS_2$ 复合材料的合成示意图

## 三、仪器与试剂

### 1. 仪　器

电子天平、立式行星球磨机、油浴锅、离心机、恒温磁力搅拌器、量筒、烧杯、高压反应釜、抽滤瓶、布氏漏斗、烘箱、超声波细胞粉碎机。

2. 试　剂

钨酸钠二水合物（$Na_2WO_4 \cdot 2H_2O$）、85% $H_3PO_4$、氯化钾、$GdCl_3 \cdot 6H_2O$、醋酸钾、甲醇、聚乙二醇、乙醇、牛血清白蛋白、1-(3-二甲氨基丙基)-3-乙基碳二亚胺（EDC）、*N*-羟基硫代琥珀酰亚胺。

## 四、实验内容

### 1. $WS_2$ 纳米片的制备及表面修饰

称取 2 g 商品化 $WS_2$ 固体置于立式行星球磨机中研磨 6 h，取 60 mg 研磨好的 $WS_2$ 粉末分散在 60 mL 的浓硫酸中，并在 90 ℃下持续油浴加热搅拌 24 h。反应完成后，将酸洗插层的 $WS_2$ 样品进行离心分离，并用去离子水反复洗涤以除去过量的浓硫酸。随后，将样品分散在 30 mL 去离子水中，冰浴下使用超声波细胞粉碎机破碎样品 8 h 至其水溶性良好。将获得的 $WS_2$ 溶液以 3000 r/min 离心 10 min，取上清液，去除离心管壁上 $WS_2$ 大分子。然后将上清液以 12 000 r/min 离心 10 min 以获得固体 $WS_2$ 小分子。

将 10 mg 制备好的 $WS_2$ 溶于 10 mL 纯水中，随后将 1 mL PEG 乙醇溶液（50 mg/mL）倒入上述溶液中，将混合物在室温下搅拌 12 h，反应完成后通过离心收集产物，将所得产物用水洗涤 3 次即可得到聚乙二醇化的 $WS_2$ 纳米片。

### 2. 磷钨酸钆纳米团簇的制备及表面修饰

将 16.5 g $Na_2WO_4 \cdot 2H_2O$ 溶于 15 mL 纯水中以形成均匀溶液，向其中加入 13.25 mL 85% $H_3PO_4$。将混合物倒入反应釜中，在 120 ℃下反应 12 h。待反应釜冷却至室温后，向淡黄色溶液中加入 7.5 mL 纯水和 5 g KCl 固体，立即产生大量白色沉淀。滤出沉淀，并用 2 mol/L 乙酸钾溶液和甲醇洗涤沉淀。待沉淀干燥后，将其溶于 15 mL 热水（约 65 ℃）中，冷却至室温后，放入冰箱冷却结晶。抽滤得到白色晶体，用水洗涤，干燥后得到 $K_{12.5}Na_{1.5}[NaP_5W_{30}O_{110}] \cdot 15H_2O$。

将 1 g $K_{12.5}Na_{1.5}[NaP_5W_{30}O_{110}] \cdot 15H_2O$ 溶于 12 mL 纯水中，并加热至 60~70 ℃。随后逐滴加入 2 mL $GdCl_3 \cdot 6H_2O$（477.95 g/mol，0.24 mmol）水溶液。将混合物倒入反应釜中，在 160 ℃下反应 12 h。待反应釜冷却至室温后，加入 4 g KCl 固体以形成沉淀。将白色固体抽滤收集，并用 2 mol/L 乙酸钾溶液和甲醇洗涤，干燥后得到 $GdP_5W_{30}$ 纳米团簇。

将 400 mg 牛血清白蛋白（BSA）、0.118 g $GdP_5W_{30}$ 溶解在 20 mL 纯水中，室温下搅拌 6 h，即得到 BSA 修饰的 $GdP_5W_{30}$。

### 3. $GdP_5W_{30}$@$WS_2$ 复合材料的合成

将 10 mg 聚乙二醇化 $WS_2$ 纳米片分散在 10 mL 纯水中。在磁力搅拌下，将 5 mg 1-(3-二甲氨基丙基)-3-乙基碳二亚胺（EDC）加入溶液中，出现白色絮状物。再将 5 mg *N*-羟基硫代琥珀酰亚胺（NHS）加入溶液中，持续搅拌 20 min 左右，直到白色絮状物溶解，之后加入 2 mL BSA 修饰的 $GdP_5W_{30}$ 溶液，搅拌过夜。反应完成后通过离心收集产物，将所得产物用水洗涤 3 次即可 $GdP_5W_{30}$@ $WS_2$ 复合纳米片。

## 五、性质检验

对样品外观及溶液分散性进行分析，并通过测 XRD、红外、紫外、Zeta 电位所得的数据进行分析，以便检验产物是否符合预期要求等。

## 六、注意事项

（1）水热法合成磷钨酸钆纳米团簇的制备过程，一定要正确使用反应釜，反应未结束禁止打开反应釜盖子，以免造成伤害。

（2）采用浓硫酸作为小分子插层剂合成 $WS_2$ 纳米材料的过程中，一定要小心谨慎，防止硫酸外溅造成伤害。

## 七、思考题

（1）列举几种可用于修饰纳米材料的化合物。

（2）除了 $WS_2$，典型的二维过渡金属纳米材料还有哪些？

（3）加入 1-(3-二甲氨基丙基)-3-乙基碳二亚胺和 *N*-羟基硫代琥珀酰亚胺（NHS）的作用是什么？

# 实验五　水热合成法制备 Fe-PDAP 纳米药物

## 一、实验目的

（1）了解氧化聚合策略的基本概念及特点。

（2）掌握水热合成纳米材料的方法和操作的注意事项。

## 二、实验原理

水热合成法是指在特制的密闭反应器（水热合成反应釜）中，采用水溶液作为反应体系，通过对反应体系加热，加压（或自生蒸气压），从而创造出一个相对高温、高压的反应环境，使得通常难溶或不溶的物质溶解并且重结晶而进行无机合成与材料处理的一种有效方法。与常温常压条件相比，在水热条件下水的物理及化学性质将发生一系列变化，如蒸气压升高、介电常数降低、黏度和表面张力降低、离子积升高、热扩散系数升高、密度降低等。因此，在水热合成反应中，水既可以作为一种化学组分参与反应，又可以作为溶剂和膨化促进剂，同时还可以作为压力传递介质，通过加速渗透反应及控制反应过程的物理化学因素，实现无机化合物的形成及改进。利用水热合成法可以克服晶形转变、挥发、分解等缺点，既能制备单组分微小单晶体，又能制备双组分甚至是多组分的特殊化合物粉末。同时，利用水热合成法制备的纳米晶具有纯度高、晶粒发育完整、粒度易控制且分布均匀、颗粒之间团聚少等优点。

本实验采用 Fe（Ⅲ）介导的氧化聚合策略，以 $FeCl_3 \cdot 6H_2O$ 为原料在低温和较简单的工艺条件下制备 Fe-PDAP 纳米药物（图 2-7）。

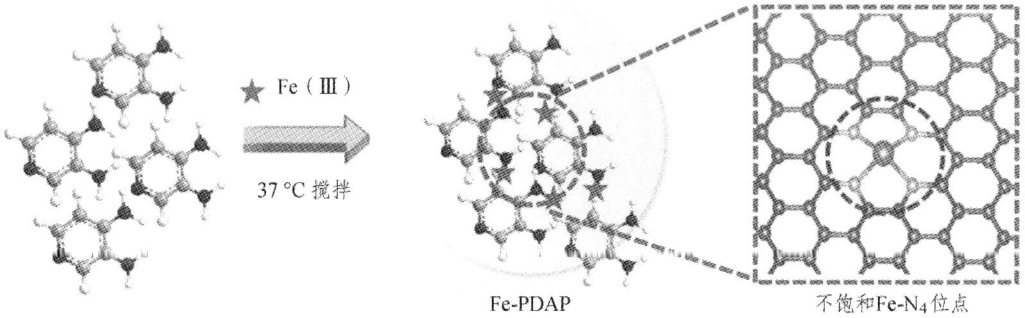


图 2-7　Fe-PDAP 纳米药物合成示意图

## 三、仪器与试剂

### 1. 仪　器

圆底烧瓶（100 mL）、分析天平、控温烘箱、磁力恒温水浴锅、超声波清洗器、冷冻干燥机。

### 2. 试　剂

六水合三氯化铁（$FeCl_3 \cdot 6H_2O$）、3,4-二氨基吡啶、超纯水。

## 四、实验内容

### 1. 药物的制备

首先用电子天平称取反应原料 20 mmol $FeCl_3 \cdot 6H_2O$（5.4 g），将其加入 100 mL 超纯水中，再使用超声波清洗器进行超声 20 min，之后在常温、常压下用磁力恒温水浴锅搅拌 1 h，使 $FeCl_3 \cdot 6H_2O$ 得到充分溶解。接着称取 5 mmol 3,4-二氨基吡啶（0.55 g）加入 $FeCl_3$ 混合溶液体系中，并在 37 ℃的水浴条件下连续搅拌反应 24 h 以完成聚合反应。待反应后的溶液冷却至室温，将其分装入透析袋（截留 12 kDa MW）进行透析纯化 24 h 以除去杂质。透析纯化完成后即得到产物 Fe-PDAP 溶液，将部分溶液用冷冻干燥机进行冷冻干燥得到固体粉末，保存备用。

### 2. 药物的表征

采用动态光散射（DLS）和 Zeta 电位仪表征纳米药物水合粒径大小、分布和表面电荷。采用傅里叶红外光谱仪（FT-IR）对纳米药物进行结构表征。

## 五、实验结果和处理

（1）所得到的 Fe-PDAP 纳米材料的质量为_____，反应产率为_____。水合粒径大小约为____，纳米药物表面电荷为______。

（2）FT-IR 表征结果中，N—H 伸缩振动吸收峰为______，C═C 伸缩振动吸收峰为______，C—N 伸缩振动吸收峰为______。

## 六、思考题

（1）根据反应原理不同，列举水热法的分类。化学氧化聚合法的优点有哪些？

（2）在使用 Zeta 电位仪时，有哪些注意事项？

（3）纳米药物的尺寸大小在什么范围内生物相容性更好？

## 附注

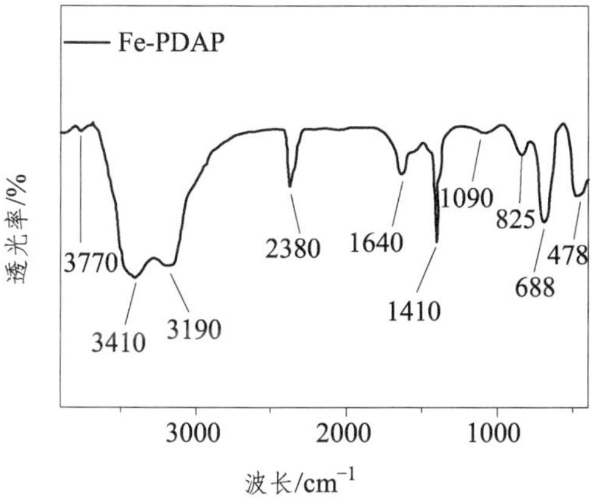


图 2-8　Fe-PDAP 纳米药物的傅里叶红外光谱

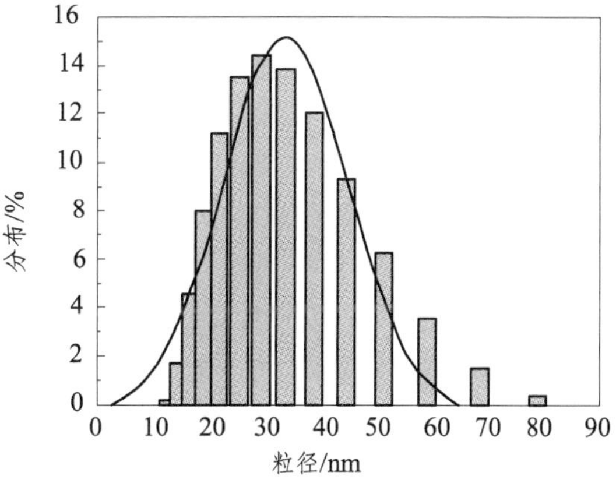


图 2-9　Fe-PDAP 纳米药物的粒径分布直方图

# 实验六　铂（Ⅱ）基单原子纳米酶药物的制备

## 一、实验目的

（1）了解单原子纳米酶在生物催化领域中的应用及制备方法。

（2）掌握高分辨透射电子显微镜（TEM）的使用方法和操作的注意事项。

（3）了解纳米材料在抗菌效应研究的作用。

## 二、实验原理

纳米酶是一种具有类似酶活性的纳米材料，具有低成本、结构设计灵活、易于规模化制备、能较大程度适应恶劣环境等优点，因此被认为是天然酶的最佳替代物。但是相对于天然酶，纳米酶也存在生物相容性差、选择性不高等缺点，使其在替代天然酶的应用上受到了抑制，所以需要采取有效的策略对纳米酶的性能进行更进一步地探索和优化，让其能得到更广泛地应用。其中，单原子纳米酶作为一种具有丰富原子分散活性位点的新型纳米酶，因其具有均一的催化位点、优异的选择性、较大的原子利用率、显著的催化活性和明确的催化机理而备受关注。一方面，原子级分散的金属中心最大限度地提高了原子利用效率和活性位点密度；另一方面，确切的配位结构为纳米酶的催化活性机理研究提供了清晰的实验模型，有助于理解纳米酶活性与结构的构效关系，评估其类酶活性的来源。它的催化活性比传统纳米酶高 10~100 倍。目前，各种各样的单原子纳米酶被成功合成出来用于替代天然酶，所以基于单原子纳米酶的应用也被广泛地探索，主要应用于生物传感、抗肿瘤治疗、抗菌、炎症治疗和环保方面（图 2-10）。单原子纳米酶的广泛应用在推动生物医学领域的进步上具有重要的作用。

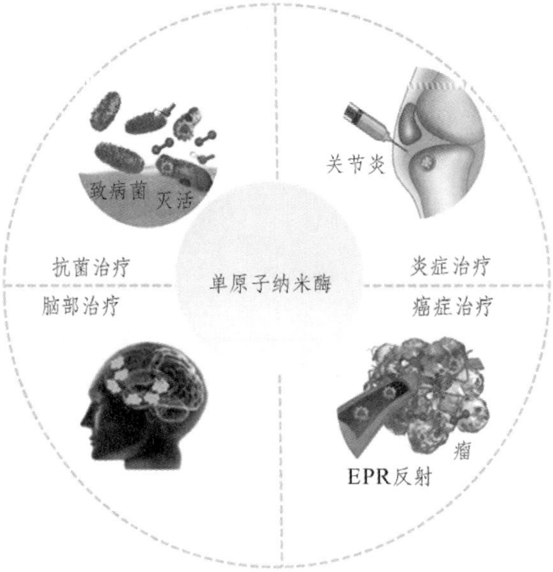


图 2-10　单原子纳米酶在生物医学中的应用

本实验采用顺铂和 3,4-二氨基吡啶作为前驱体，通过氧化聚合反应制备了一种基于 Pt（Ⅱ）的单原子纳米酶药物（Pt-N-C SAzymes）。

## 三、仪器与试剂

**1. 仪　器**

傅里叶红外光谱仪、粉末压片机、圆底烧瓶（100 mL）、透射电子显微镜、磁力恒温水浴锅、超声波清洗器、冷冻干燥机、冷藏箱。

**2. 试　剂**

顺铂、吡啶、无水乙醇、浓盐酸（12 mol/L）、溴化钾（光谱纯，SP）、超纯水。

## 四、实验内容

**1. Pt-N-C SAzymes 药物的制备**

首先，称取 0.2 g 顺铂使其均匀溶解于 5.0 mL（10 mol/L）盐酸中，在 50 ℃恒温水浴下搅拌反应 1 h，冷却至室温后，继续反应 12 h，进行重结晶并抽滤，后用少量冰水及乙醇洗涤，收集固体将其烘干。随后，称取上述制备好的 0.1 g 黄色固体溶于 25 mL 超纯水中，置于超声清洗仪中分散并溶解均匀，常温搅拌 0.5 h 后，加入 $1.5\times10^{-3}$ mol 3,4-二氨基吡啶，继续在 37 ℃恒温水浴下搅拌反应 24 h 完成聚合反应，将反应后所得溶液透析 5 h，最后得到纯净的溶液即为铂（Ⅱ）掺杂的单原子纳米酶药物（Pt-N-C SAzymes）。

2. **药物的表征**

采用高分辨透射电子显微镜（TEM）对纳米药物的表面形貌、尺寸大小进行表征。采用傅里叶红外光谱仪（FT-IR）对纳米药物进行结构表征。

## 五、实验结果和处理

（1）所得到的 Pt-N-C SAzymes 的质量为______，颜色为______，产率为_______。

（2）透射电子显微镜显示尺寸大小约为_______。

（3）FT-IR 表征结果中，N—H 伸缩振动吸收峰为_______，C═C 伸缩振动吸收峰为_______，═C—H 的面外弯曲振动吸收峰为_______。

## 六、思考题

（1）单原子纳米酶有哪些优点，主要有哪些类别？

（2）在使用傅里叶红外光谱仪时，有哪些注意事项？

（3）为什么采用顺铂为前驱体，顺铂这种药物有哪些作用？

## 附注

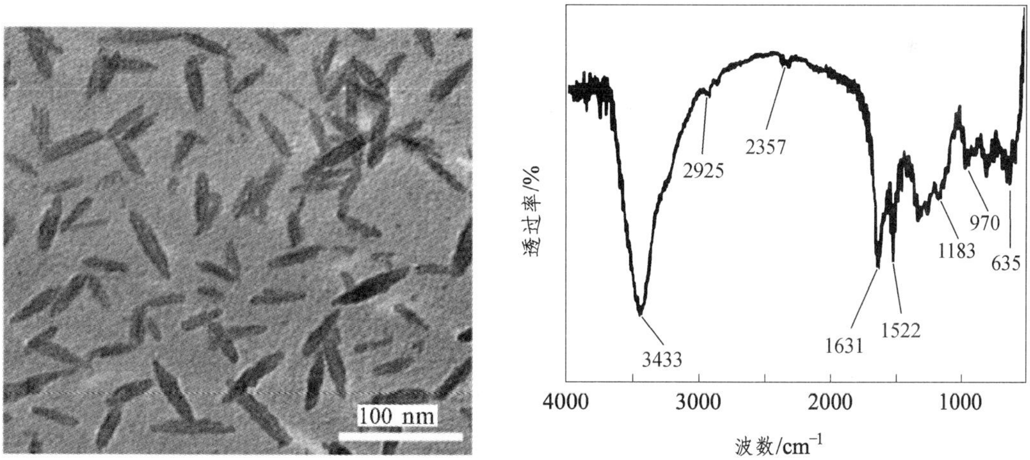


（a）透射电镜图　　（b）傅里叶红外光谱图

图 2-11　Pt-N-C SAzymes 纳米药物的表征

# 第三章

# 无机纳米材料表征

随着纳米科技的不断发展，纳米科技作为未来高科技发展的基础，对纳米材料的化学组成、结构及其显微组织关系的研究能够作为判断其性能及应用的关键因素，使用纳米材料表征的仪器分析方法现如今是纳米科技中不可或缺的实验手段。所以，纳米材料的表征和分析对纳米材料及纳米科技的发展研究具有十分重要的作用和意义。

在原子尺度和纳米尺度上对纳米材料进行分析和表征的方法有很多，随着科技不断进步，纳米材料的表征方法也在快速发展，为了获得更加可靠的物质结构及表面形貌等信息，往往需要结合多种表征技术进行表征分析，从而推动纳米材料表征技术的发展。本章节我们将从纳米材料的粒度分析、形貌分析、成分分析、结构分析和表面与界面分析五个方面对纳米材料的表征技术进行简单介绍。

## 第一节　纳米材料的粒度分析

大部分的固体材料都是由不同大小、形貌各异的颗粒所构成的，而细小颗粒材料的大小和形状往往对材料的结构和性能影响重大。特别是对于纳米材料，其颗粒的大小和形状能够决定纳米材料的性能。因此，对于纳米材料的颗粒大小和形状进行表征具有十分重要的研究意义。一般来说，用颗粒粒度的概念来描述固体材料的颗粒大小。然而，由于颗粒的形状不统一、具有复杂性，很难直接用一个尺度来描述一个颗粒大小，所以，普遍采用等效粒度的概念来描述粒度大小。

对于不同原理的粒度分析器，因其测量原理的不同，测量的颗粒特性也不相同，因此，只能将其进行等效对比，而不能进行横向直接对比。在大多数情况下，通过粒度分析仪所测得的粒径和实际的颗粒大小分布存在一定的差异，测量所得粒径是一种等效意义上的粒径，所以其只能用于相对比较。等效粒径（$D$）和颗粒体积（$V$）的关系可以用表达式 $D=1.24V^{1/3}$ 表示。除此之外，不同的粒径分析仪所得到的粒径大小及其分布数据可能存在差异，因此有可能不能相互印证，不能将其进行横向对比。

固体材料的颗粒大小分布范围较广，通常可从纳米级到毫米级，因此根据颗粒大小的差异，在描述固体材料粒度大小时，可将颗粒分为纳米颗粒、超微颗粒、微粒、细粒、粗粒等种类。应根据颗粒的不同种类选择合适的粒度分析方法及相应的粒度分析仪。随着纳米科学技术的不断发展进步，纳米材料的颗粒大小以及颗粒分布已经成为纳米材料研究中重要的表征内容之一。对于纳米材料的研究，其粒度分布范围主要集中在 1~500 nm，特别是 1~20 nm，这是纳米材料研究中最关注的粒度分布范围。图 3-1 是固体材料颗粒度大小划分及相对应的粒度分布范围。

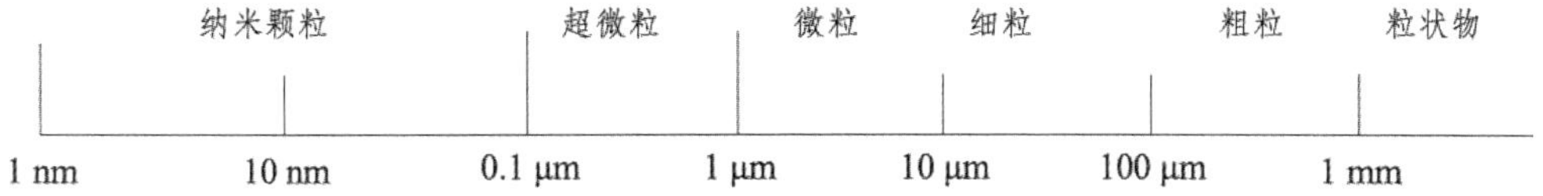


图 3-1　固体材料颗粒度的划分和尺度范围

目前，存在多种可以对纳米材料进行粒度分析的方法和仪器，但由于不同的粒度分析方法以及不同仪器的设计原理的差异对于被分析的体系具有一定的针对性。因此，选择的分析方法和分析仪器对于材料的研究至关重要。此外，不同的粒度分析方法的物理基础不同，用不同的测量方法测量同一样品得到的粒径的物理意义甚至粒径的大小也不同。如果不能准确地了解和掌握粒度分析仪及其被测体系，那么通过分析得到的测量结果可能与实际结果之间也会存在较大的偏差，因而所得结果不具有科学性和代表性。所以，应依据被测对象、测量准确度、精度等条件选择适当的测量方法。

## 一、激光粒度分析仪

20 世纪 70 年代，激光粒度分析法逐步发展起来，成为了当时一种高效快速的粒度分布测量方法。如今，在所有粒度测量方法中，以光散射原理为基础的粒度测量方法已经占据了绝对性的统治地位。因为光散射粒度测量分析法适用范围宽，所以在测量时不会受颗粒的光学性能和电学性能参数的影响。在纳米材料的粒度测量中应用光散射原理时，要求以高强度单色光通过粉体悬浮介质，激光是一种良好的光源，但夫琅禾费（Fraunhofer）衍射原理只适用于远大于入射光波长的粒度尺寸，因此，在实际测量中选用 X 射线做光源，可以极大地降低测量颗粒的最小粒径，从而使其测量范围扩大。

激光衍射粒度分析法的基本原理是以激光与颗粒之间的相互作用为基础。该分析方法以夫琅禾费衍射理论为主要理论。该理论证实衍射的光能分布与粒度分布有关，只需通过测量衍射光能的分布，再通过一定的理论计算就可以得到粒度的分布。这是因为处于光束中，一定粒径的球形颗粒通常会以一定的角度向前散射光线，这个角度接近于由颗粒直径相等的孔隙所产生的衍射角。激光粒度分析法是在假设所测得颗粒为球体的基础上进行的，以沿着颗粒横断面的绕射称为球形绕射，以夫琅禾费理论和米氏（Mie）理论为基础对粒度分布绕射模型转变的研究方法。该方法操作简单，测样时间短。但由于该方法测量样品的质量小，因此不具有代表性，而且根据不同的理论做出的程序，其测量所得结果往往也不相同。

激光衍射颗粒粒度分析仪主要是由激光器、扩束系统、聚焦透镜、光电探测器和计算机系统组成，图 3-2 所示为激光衍射粒度分析仪的原理图。通过 He-Ne 激光器中的一道光束经过扩束系统扩束后，两条平行光束照射到颗粒槽内的被测颗粒群上，最后经颗粒群所产生的衍射光照射到聚焦透镜后汇聚到光电检测器的聚焦平面上形成衍射图。夫琅禾费激光衍射法在测量颗粒粒度方面具有测量范围广、适用对象广、测量速度快、精度高、重复性好、不受被测颗粒发生衍射现象的影响等优点。

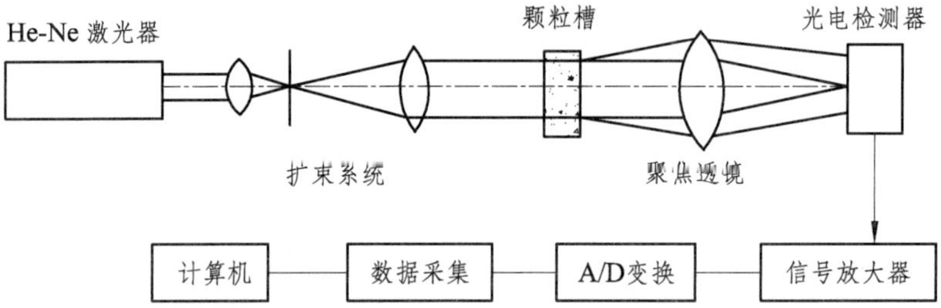


图 3-2　激光衍射粒度分析仪原理

激光散射粒度分析法应用于光学性质和物理化学性质都不均匀的媒介中，例如在包含不同大小的粉体介质系统中，发射光的频率与入射光的频率相当，所测颗粒尺寸 $d$ 与入射光的波长 $\lambda$（常用 He-Ne 激光源 $\lambda$=632 nm）之间的相对关系决定此刻的光散射模式。

激光粒度测试仪的组成如图 3-3 所示。仪器的基本原理是将光照射到粒子上，在照射粒子的边缘处发生光的散射。然而没有被散射的光将沿着原先的光路，经过聚焦透镜到达多元检测器的中心，而由粒子散射的光会聚焦到检测器的非中心区，粒子越小，则粒子散射光产生的散射角越大；同时，可以严格地为系统进行区分由较大的粒子所产生的小角度衍射光与到达检测器中心的未散射光。这种光路系统叫作傅里叶（Fourier）光学。对于极小的粒子，超过检测器尺寸范围的粒子所产生的散射角就要利用到反向傅里叶光学，粒子流在聚焦透镜的后侧，如图 3-4 所示。多元检测器可以将不同角度的光能量转化为电信号，从而可以得到被测样品中的粒度分布。

光散射粒度分析法具有以下优点特性：①测量范围广，目前激光光散射粒度测试仪最大可测量 1 nm~3000 μm，满足对超细粉体技术的测量的要求；②测量数据准确性高，结果重现性好；③粒度分析仪自动化水平高，操作便捷，测量速度快，效率高。除此之外，由光散射粒度分析方法的基本原理会产生一些局限性：①当用于高浓度样品检测时，对于高浓度的样品，实验使用的光源产生的光线是无法正常穿过的，所以无法准确获得光强分布信息；②当用于对形状不规则的颗粒检测时，在 $d$-$\lambda$ 的通常情况下，应采用的是米氏理论，而采用以球形粒子为模型所建立的理论，对于粒子非球形度是敏感且不适用的，所以当测量薄片状、纤维状、长圆柱状的颗粒时，往往会引起较大误差。

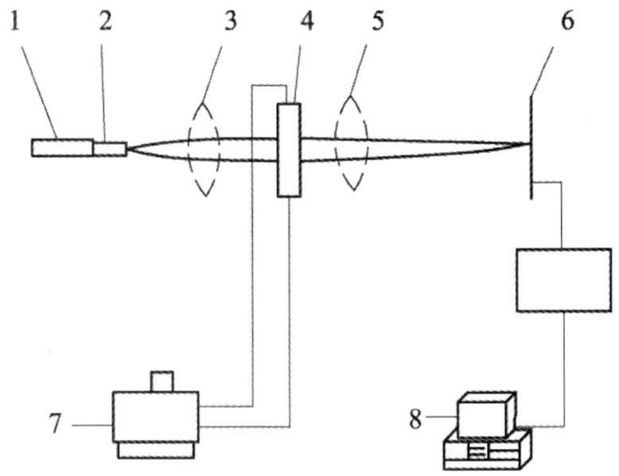


1—激光器；2—滤波片；3—准直透镜；
4—样品池；5—聚焦透镜；6—检测器；
7—样品分散装置；8—计算机。

图 3-3　激光粒度测试仪基本组成

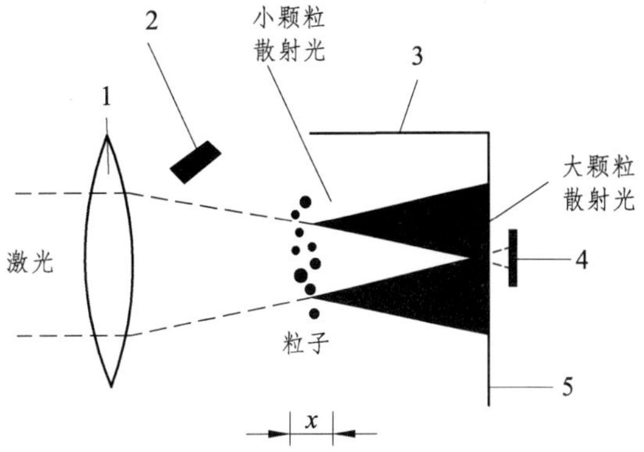


1—聚焦透镜；2—背散射检测器；
3—大角度检测；4—中央检测器；
5—主检测器。

图 3-4　反向傅里叶光学光路系统

## 二、电镜观察粒度分析

在对纳米材料颗粒度分析的研究中，电镜法也是最为常用的研究方法，该方法可以对纳米颗粒的大小及纳米颗粒大小的分布进行研究分析，并得到颗粒形貌的相关数据。实验中一般采用的电镜有透射电镜和扫描电镜，通过电镜进行粒度分析的主要原理是通过溶液分散制样或者直接制样的方式将纳米材料样品分散在样品台上，随后通过电镜进行放大观察和拍照。最终通过计算机图像分析技术将颗粒大小、颗粒大小的分布及其形状数据统计出来。电镜法粒度分析的优点是可以得到被测颗粒的大小、分布以及形状的数据，该方法测量颗粒的大小范围可以从一纳米到几微米数量级，且最终可以得到的是颗粒图像的直观数据。但是，该方法的主要缺点是样品的制备过程会对实验结果造成较大误差，例如样品制备产生的分散性，会直接影响到电镜观察的质量和分析结果。另外，由于电镜的取样量较少，也会使取样过程不具有代表性。

电镜法粒度分析实验过程中常用的仪器主要有透射电镜和扫描电镜。普通的扫描电镜的颗粒分辨率一般在 6 nm 左右，然而场发射扫描电镜的颗粒分辨率却可以达到 0.5 nm 左右。因为扫描电镜对样品制备的要求比较低，因此对于纳米粉体样品可以进行溶液分散法制样，或者直接进行干粉制样。但是扫描电镜要求样品必须具有一定的导电性，所以，对于非导电性的样品需要进行表面蒸镀导电层，例如在样品表面镀金、镀碳等。一般对于 10 nm 以下的颗粒样品不能够镀金，这是因为金颗粒的大小在 8 nm 左右，会对样品产生干扰，需采用镀碳的方式。扫描电镜的扫描范围很大，原则上从 1 nm 到毫米量级均可用扫描电镜进行粒度分析。相较于透射电镜，由于透射电镜产生的电子束需要穿透样品，因此，在 1~300 nm 可用透射电镜进行粒度分析。

电镜法粒度分析还可以与电镜的其他技术联合使用，从而实现对纳米颗粒成分以及晶体结构的测定，这大大提高了粒度分析方法的使用范围。

# 第二节　纳米材料的形貌分析

电子显微技术是应用时间最早、应用范围最广的一种显微检测技术，并且也是最常见的用于对纳米生物材料的形貌表征手段。电子显微技术是利用聚焦电子束与试样物质相互作用产生的各种物理信号，分析试样物质的微区形貌、结构和化学组成，比普通的光学显微镜具有更高的分辨率。根据检测信号的不同，电子显微技术主要包括透射电子显微镜（TEM）、扫描电子显微镜（SEM）、扫描隧道显微镜（STM）和原子力显微镜（AFM）、扫描透射电子显微镜（STEM）和场发射显微镜（FEM）等。

## 一、透射电子显微镜

透射电子显微镜简称为透射电镜（Transmission Electron Microscope，TEM），它是将波长很短的电子束作为照明源，通过电磁透镜聚焦成像而构成的一种具有高分辨本领、高放大倍数的电子光学仪器，一般可以将其分为分析型透射电镜和高分辨透射电镜。1933 年，柏林大学研制出世界上第一台透射电镜（点分辨率可达 50 nm），经过 6 年的不断改进，1939 年，德国西门子公司生产出第一批商用透射电镜（点分辨率可达 10 nm）。目前，透射电镜的点分辨率已经可以高达 0.2 nm，从而用于观察分析纳米生物材料的组织、形貌和结构。

透射电子显微镜由电子光学系统、真空系统和操作系统三大部分组成。主要框架结构由照明系统、样品台、成像系统、图像观察和记录系统组成。其工作原理是由电子枪所产生的高能电子束经过二级聚光镜汇聚后均匀地分散照射到待测样品的某一待测区域，电子与样品中的原子碰撞而改变方向，从而产生立体角散射，散射角的大小与样品密度、厚度相关，因此可以形成明暗不同的影像。一般，由于植被的试样特别薄，因此照射出的绝大多数电子能够穿透试样，其强度分布与所测试样区的组织、形貌、结构一一对应。经过透射试样的电子会经过物镜、中间镜和投影镜三级磁透镜放大后投射到用于荧光屏上观察图像，荧光屏可以将收集到的电子强度分布转化为可见的光强分布，从而得到与试样的组织、形貌、结构相对应的图像。

透射电镜是一种多功能仪器，不仅能提供原子分辨率的点阵图像，而且能在 1 nm 甚至更高的空间分辨率下给出化学信息，从而直接确认单纳米晶的化学组成成分。除此之外，利用透射电镜是最直观的测量纳米生物材料的粒度大小及其分布的方法。其特点是需要试样量少，测量所得数据可靠性高，不仅能获得样品的大小、形貌及分布信息，还可以获得测量区域的化学结构及其元素组成信息。然而，需要注意的是，纳米生物材料的颗粒大小应小于 300 nm，否则电子束则不能穿透样品。在使用过程中应保证制样的效果和扫描合适的区域，这两点会很大程度上影响测量的准确性。

## 二、扫描电子显微镜

扫描电子显微镜简称为扫描电镜（Scanning Electron Microscope，SEM），是在透射电镜的基础上发展起来的。扫描电镜与透射电镜的成像方式不同，其采用的是聚焦电子束在试样表面逐点扫描成像。扫描电镜目前已经成为一种常见的普遍使用的表面形貌分析仪器，可以同时进行显微组织形貌的观察和微区成分分析。

扫描电镜主要是由电源系统、真空系统、电子光学系统和成像系统四大部分组成，测量试样可以是块状或粉末颗粒，成像信号可以是背散射电子、二次电子或吸收电子。扫描电镜的工作原理如图 3-5 所示，通过电子枪发出的 5~35 keV 能量的电子，经栅极静电聚焦后成为直径为 50 nm 的电光源，在加速电压下再经过 2~3 个电磁透镜组成的电子光学系统，发射出的电子束会聚成孔径角较小、束流强度低及束斑直径为 5~10 nm 的微细电子束，并在试样的表面聚焦。聚焦电子束会与试样发生相互作用，进而产生、发射二次电子，电子的发射量会伴随试样表面的形貌进行动态变化。二次电子发射信号会被探测器收集并转化为电信号，随后经过视频放大后输入显像管栅极上，通过调节焦距和显像管亮度，即可得到试样表面形貌的二次电子像。换言之，扫描电镜是采用逐点成像的图像分解法进行的，这种扫描方式又叫作光栅扫描。

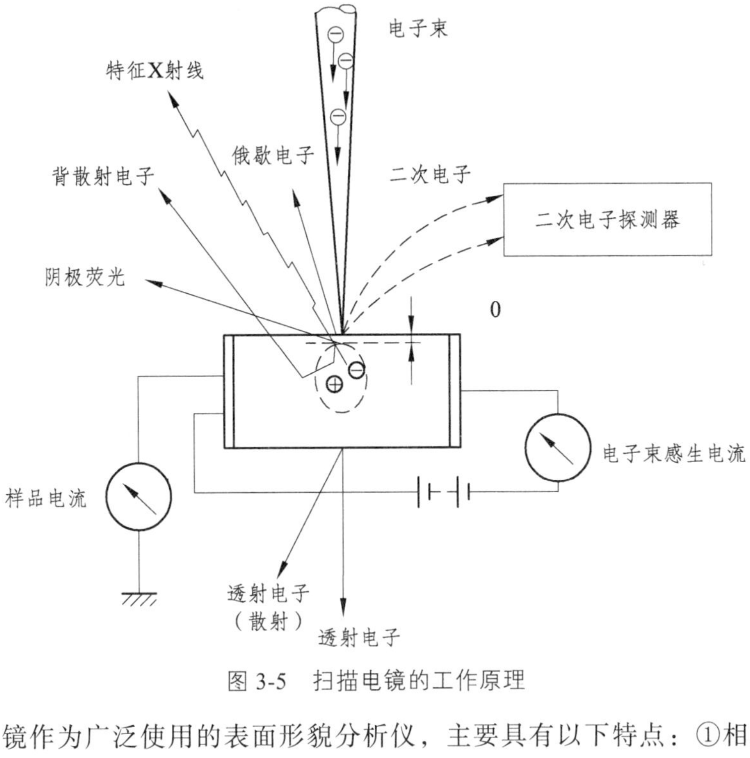


图 3-5　扫描电镜的工作原理

扫描电镜作为广泛使用的表面形貌分析仪，主要具有以下特点：①相比其他分析测试手段，其被测样品的尺寸范围较大，可测量直径为 10~30 nm 的大块试样。②测量的场深较大，利于对断口和粗糙表面的观察分析。③测得图像的立体感和层次感较强，易于识别和分析，可用于纳米样品的三维成像。④扫描颗粒分辨率一般为 3~6 nm，且最高可达 2 nm。⑤样品的制备过程简单，对于导电材料可直接扫描进行观察，非导电材料只需在表面镀一层导电层即可观察。⑥扫描电镜放大倍数变化范围大。⑦通过电子学方法能够有效地控制和改善图像质量。⑧对于配备有单色仪和光学显微镜等附件的扫描电镜，可用于观察荧光图像、荧光光谱等多功能分析。

## 三、扫描隧道显微镜

扫描隧道显微镜（Scanning Tunnel Microscope，STM）于 1982 年在 IBM公司苏黎世研究实验室第一次问世。由于微观粒子的波粒二象性会产生隧道效应，因此利用量子理论中的隧道效应设计扫描隧道显微镜来探测物质表面结构。由于它的产生，使得人们第一次可以实时观察到原子在物质表面的排列状态以及和表面电子行为有关的物理化学性质，对于研究表面化学、材料化学、生命科学和微电子技术有着重大科学意义和广阔的应用背景。扫描隧道显微镜在材料的微观结构表征方面发挥着越来越重要的作用。STM 可以用于解决每一种在原子尺度上导电固体表面的局域电子结构，因而可以获得局域的原子结构。

量子理论中的隧道效应是 STM 工作的基本原理，如图 3-6 所示，将原子线度的极细探针和被研究物质的表面作为两个电极，当探针针尖与样品之间的距离十分接近时（通常小于 1 nm），在外加电场的作用下，电子会穿越两个电极之间的势垒流向另一个电极形成隧道电流，这种效应被称为隧道效应。隧道电流的强度与探针针尖和样品表面之间的距离密切相关变化非常敏感，如果将距离减小 0.1 nm，那么隧道电流将会增加一个数量级的变化，隧道电流与探针针尖和样品之间距离 $S$ 和平均功函数 $\Phi$ 有关：

$$I \propto V_b \exp(-A\Phi^{1/2}S)$$

式中　$I$——隧道电流强度；

$V_b$——加在探针针尖与样品之间的偏置电压；

$A$——为常数，真空条件下约等于 1；

$\Phi$——探针针尖和样品的平均功函数。

扫描探针通常采用直径小于 1 mm 的细金属丝，如铂铱丝、钨丝等。因此可以采用电子线路控制隧道电流的恒定，并用压电陶瓷材料控制探针针尖在样品表面的扫描，因此，垂直于样品方向上的探针高低变化就能反映出样品表面的起伏状况，在样品表面探针针尖扫描运动时的轨迹会直接在荧光屏或记录纸上显示出来，进而就得到了样品表面态密度的分布或原子排列的图像。这种扫描方式可以观察样品表面不规则的形貌，而且通过加在 $z$ 向驱动器上的电压值可推算出表面起伏高度的大小，STM 也成为一种常用的扫描方式。除此之外，对于表面变化不大的样品，通过控制探针针尖高度守恒进行扫描，通过记录隧道电流的变化也可以分析得到试样表面态密度的分布。STM 扫描方式的特点是扫描速度快、噪声和热漂移产生的影响小；但该方法的局限在于一般不能用于观察表面起伏大于 1 nm 的样品。

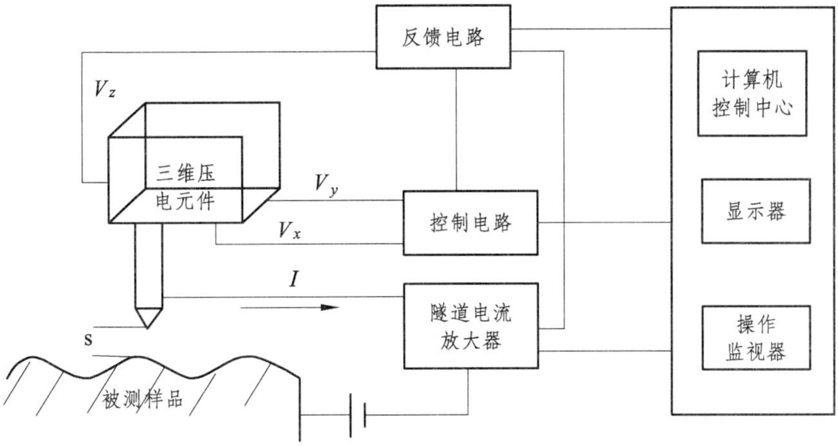


图 3-6　扫描隧道显微镜的工作原理

扫描隧道显微镜与其他表征技术相比，具有一些独特的优点：①扫描分辨率可高达原子级。在平行于样品表面方向上，扫描隧道显微镜的分辨率能够达到 0.1 nm 和 0.01 nm，进而可以分辨出单个原子。②具有可实时观察特性，可实时得到空间中样品的三维图像，便于对具有周期性或不具备周期性的表面结构及表面扩散的动态过程的研究。③能够适应不同的工作环境，如真空、大气、常温环境，样品可浸在水或其他溶液中，不需要特殊的制样技术。④可以观察到单个原子层的局部表面结构，而不是整个表面的平均性质，可以直接观察到表面的缺陷、表面重构、表面吸附体的形态位置等。⑤利用 STM 的针尖能够实现原子和分子的移动和操纵，这对于纳米科技的全面发展奠定了坚实基础。在使用仪器时，仪器本身的工作方式差异导致形成一定的局限性，例如在恒电流工作模式下，有时不能准确探测样品表面微粒之间的某些沟槽，只有使用十分尖锐的探针，并且探针针尖半径远小于粒子之间的距离时，才可避免这种缺陷；此外所测样品必须具有非绝缘性。因此，高分辨率的扫描隧道显微镜在生命系统中的应用吸引了众人，例如其适用于生物样品的研究以及不同实验条件下样品的表面评价，它不仅仅局限于操纵物质。

## 四、原子力显微镜

原子力显微镜（Atomic Force Microscope，AFM）是一种能够用于研究固体材料的表面结构的分析仪器，其中包括绝缘体的固体材料，它有效弥补了 STM 的这一缺陷。在 1985 年由 IBM 公司苏黎世研究实验室的 Binning 和斯坦福大学的 Quate、Gerber 发明研制了原子力显微镜，或者称为扫描力显微镜（SFM）。和所有的扫描探针显微镜一样，AFM 也使用一个极细的探针在样品表面进行光栅扫描，探针处于一悬臂的末端顶部，该悬臂对针尖和样品间的作用力可做出相应反应。原子力显微镜与扫描隧道显微镜的区别在于它并非采用电子隧道效应原理，而是利用原子间的接触、键合、范德华力或卡西米尔效应等来检测样品的表面性质。AFM 采用的是提供一种使锐利的针尖直接接触样品表面而成像的方法。

原子力显微镜主要是由力检测部分、位置检测与调节部分以及信息处理与控制部分三大部分组成。其工作原理如图 3-7 所示，从二极管激光器（Laser Diode）中发射出的激光束经过光学系统聚焦在微悬臂（Cantilever）背面，随后从微悬臂背面反射到由光电二极管构成的光斑位置检测器（PSD）。在对样品进行扫描时，由于微悬臂探针针尖尖端的原子和样品表面原子间存在的相互作用力，微悬臂将伴随样品的表面形貌起伏而弯曲起伏，反射光束也将随之发生偏移。所以，应当在扫描时控制这种相互作用力的恒定，带有针尖的微悬臂将会对应于针尖与样品表面原子间作用力的等位面并在垂直于样品的表面方向作起伏运动。通过二极管光学检测法，检测光斑的位置变化信息，就可以获得被测样品表面形貌的信息。

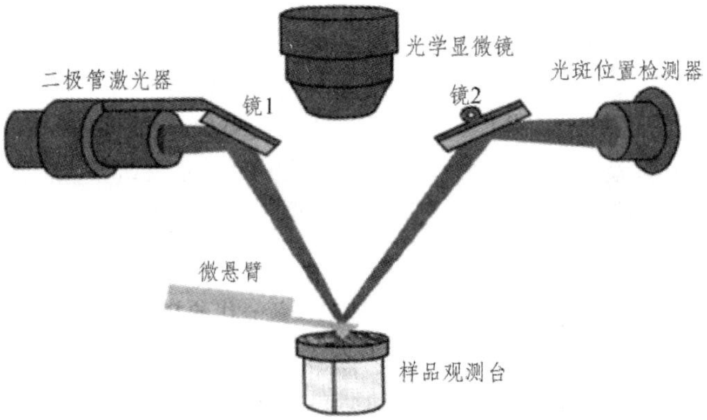


图 3-7　原子力显微镜的工作原理

原子力显微镜的工作模式可分为有反馈控制和无反馈控制。如果电子反馈工作，可通过对样品（或针尖）上下运动的定位压电器对检测到的变化做出反应，进而改变探针针尖与样品间的距离，根据预定值记录力的大小。这种工作模式叫作恒力模式（或恒高模式），通常可以得到非常可靠的图像。如果电子反馈不工作，显微镜将会以恒高或偏转模式运行，当测试样品表面非常平坦时，采用这种模式就可以得到高分辨率图像。如果再加上少量的反馈增进，就可以避免温度波动或由于样品粗糙破坏针尖、悬臂等问题的出现，这种模式叫作误差信号模式。误差信号模式也可以在电子反馈工作时运行，这样将会使拓扑图像滤去微小的变形，而突出样品图像的边缘。此外，针尖与样品间的相互作用主要有三种：接触模式、非接触模式和点击模式。接触模式是 AFM 工作的最普通模式，即针尖与样品始终保持接触，两相互接触的原子的电子间存在库仑斥力。这种方法形成的图像的分辨率高，但由于针尖在样品表面的移动及其与样品间的黏附力会使样品产生相当大的形变并对针尖产生较大损伤，从而使图像数据中存在假象。非接触模式是 AFM 工作的另一种模式，悬臂必须在样品表面上部振动，针尖与样品的距离不再属于分子作用力曲线的排斥模式，由于针尖和样品间的距离比较大，该方法的分辨率比接触模式要低，且由于针尖容易被样品表面的黏附力所捕获，该方法在一般环境中极难进行操作。点击模式是介于接触模式和非接触模式之间的一种谱图模式，点击模式下，探针保持以一定的振幅振动，并于样品间隙接触，接触时间非常短暂，针尖在样品表面扫描时侧面摩擦力极大地减少了。点击模式的分辨率几乎与接触模式一样好，同时由于针尖在与样品接触时有足够的振幅来克服样品与针尖之间的黏附力，黏附力对样品对的破坏几乎完全消失。

原子力显微镜相比于扫描电镜，能够提供真正的三维表面图；无需对样品进行任何特殊处理；在真空、常压甚至液体环境下均可进行工作。但也存在成像范围太小、成像速度慢、受探头的影响太大等缺陷。

以上四种方法是利用电子显微镜技术分析纳米生物材料的形貌表征中比较常用的方法，它们由于各自的工作原理和特性的不同，因此，均可在不同方面提供更加完美的形貌表征信息。除此之外，扫描透射电子显微镜（STEM）和场发射显微镜（FEM）等也可应用于纳米生物材料的研究工作中。

## 第三节　纳米材料的成分分析

纳米材料的物理性能与组成纳米材料的化学成分和结构具有密切关系。因此，检测纳米材料中的元素组成，测量纳米材料中杂质的种类与浓度，是对纳米材料进行分析的重要内容之一。纳米材料成分分析通常按照分析对象和要求可以分为微量样品分析和痕量成分分析两种类型。微量样品分析指的是对纳米材料取样量的分析，由于纳米材料的合成相对困难，所以对于每次的测量取样量都不宜太大，通常取样量在微克级左右，对于某些实验需求还要求测定单个纳米粒子的成分与含量。痕量成分分析是针对待测成分在纳米材料中的含量的分析，由于杂质或掺杂的成分含量较低，通常处于在百万分之一甚至更低的浓度范围。

纳米材料成分分析按照分析手段不同，又分为光谱分析、质谱分析和能谱分析。光谱分析主要包括火焰和电热原子吸收光谱（AAS）、电感耦合等离子体原子发射光谱（ICP-OES）、X 射线衍射光谱分析法（XRD）和 X 射线荧光光谱（XFS）；质谱分析主要包括电感耦合等离子体质谱（ICP-MS）；能谱分析主要包括 X 射线光电子能谱（XPS）和俄歇电子能谱法（AES）。本节着重介绍 X 射线衍射光谱分析法（XRD）和电感耦合等离子质谱（ICP-MS）在纳米材料的体相成分分析中的应用。

### 一、X 射线衍射光谱分析法（XRD）

XRD 全称为 X 射线衍射（X-Ray Diffraction），X 射线衍射技术是研究晶体结构及其变化规律的主要手段，利用 X 射线在晶体中的衍射现象来获得衍射后 X 射线信号特征，经过处理得到衍射图谱，它是材料科学工作者必须掌握的实验技术。利用谱图信息不仅可以实现常规显微镜的确定物相，并拥有“透视眼”来看晶体内部是否存在缺陷和晶格缺陷等。

X 射线衍射仪的适用性很广，通常用于测量粉末、单晶或多晶体等块状材料，并具有检测快速、操作简单、数据处理方便等优点。XRD 的结构如图 3-8 所示，在 X 射线衍射的世界里，X 射线发生系统（产生 X 射线）作为核心，测角及探测系统（测量 $2\theta$ 和获得衍射信息）作为系统的“眼睛”，记录和数据处理系统是其“大脑”，三者的协同工作输出衍射图谱。在这三者中，测角仪是最主要部件，其制作较为复杂，因此会直接影响实验数据的精度。

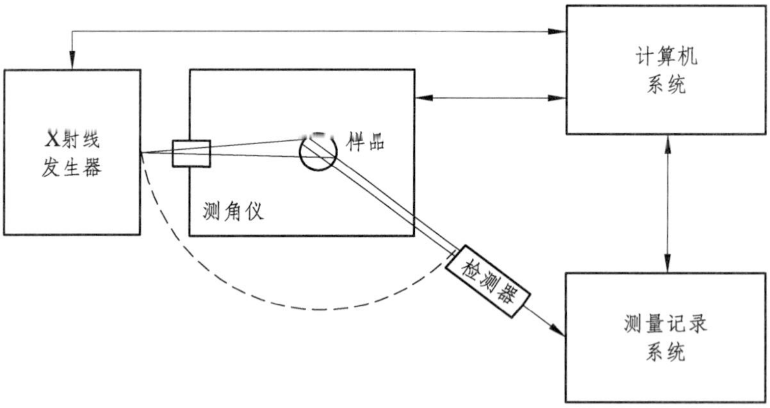


图 3-8　XRD 的结构简图

XRD 的基本原理是当一束 X 射线照射到晶体上时，首先被电子所散射出来，每个电子都是一个新的辐射波源，向空间辐射出与入射波同频率的电磁波。在一个原子系统中主要是考虑电子间的相互干涉作用，所有电子的散射波都可以近似看作是由原子中心发出的。因此，把每个晶体中每个原子都看成是一个新的散射波源，它们各自向空间辐射与入射波同频率的电磁波。由于这些散射波之间的干涉作用，使得空间某些方向的波始终保持相互叠加，于是在这个方向可以观测到衍射线，而在另一些方向上的波始终是相互抵消的，于是就没有衍射线的产生。所以，X 射线在晶体中的衍射现象，实质上是大量的原子散射波相互干扰的结果。X 射线衍射分析仪又可分为单晶衍射仪和多晶衍射仪两种，单晶衍射仪的被测对象为单晶体试样，主要用于确定未知晶体材料的晶体结构。多晶衍射仪也称为粉末衍射仪，被测对象通常为粉末、多晶体金属或高聚物等块状材料。

## 二、电感耦合等离子质谱仪（ICP-MS）

电子耦合等离子体质谱仪（ICP-MS）是一种利用电感耦合等离子体作为离子源的元素质谱分析方法的测量仪器，该离子源产生的样品离子经质谱仪的质量分析器和检测器后得到质谱。ICP-MS 的主要优点是对大多数元素的测定灵敏度更高，并且对同一种元素的不同同位素的组成可以进行区别。

ICP-MS 仪器的基本构造由三部分组成：离子源、接口装置和质谱仪，如图 3-9 所示。ICP 工作条件主要包括 ICP 功率，载气、辅助气和冷却气流量，样品提升量等，ICP 功率一般在 1 kW 左右，冷却气流量为 15 L/min，辅助气流量和载气流量约为 1 L/min，载气流量的变动会影响测量的灵敏度，样品提升量为 1 mL/min。接口装置工作条件是由 ICP 产生的离子通过接口装置进入质谱仪，接口装置的主要参数是采样深度，即采样锥孔与焰距的距离，通过调节两个锥孔的距离和对中，同时通过调节透镜电压，使离子更好地聚焦。质谱仪工作条件主要是设置扫描的范围。为了减少空气中其他成分的干扰，一般要避免采集 $N_2$、$O_2$、Ar 等分子，进行定量分析时，质谱仪扫描要挑选没有其他元素及氧化物干扰的质量。

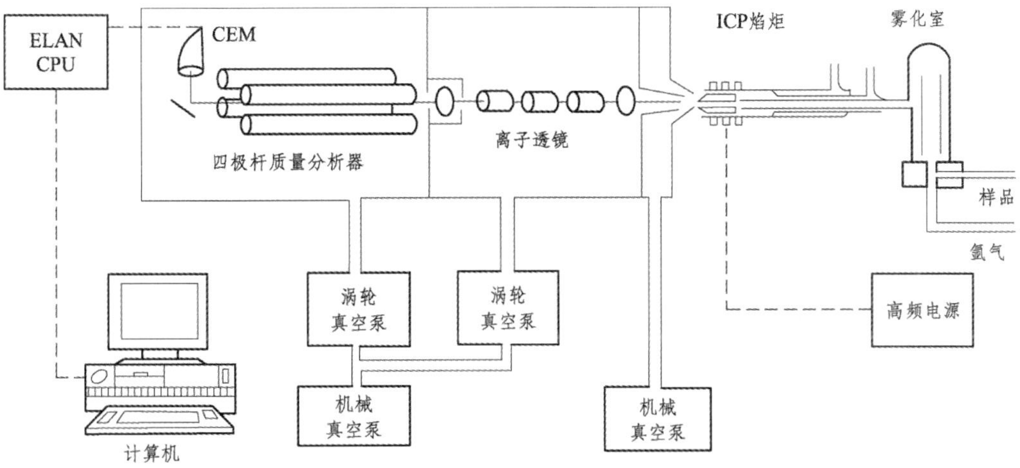


图 3-9　ICP-MS 仪器的构造原理

ICP-MS 所用电离源是电感耦合等离子体源，它是由三层石英套管组成的炬管，炬管上端绕着负载线圈，三层管从里到外分别通载气、辅助气和冷却气，负载线圈是由高频电源耦合供电的，从而产生垂直于线圈平面的磁场。冷却气是以切线方向引入外管的，产生螺旋形气流，从而使负载线圈处外管的内壁得到冷却，冷却气流量为 10~15 L/min，由于冷却气流量较大，所以工作消耗的氩气量较大。辅助气是用来维持等离子体的，需要量约为 1 L/min。

在实际测量过程中，ICP 是在大气压下工作的，但质量分析器是在真空下工作的，在 ICP 焰炬和质量分析器间会有一个用于离子引出的接口装置，可以使 ICP 产生的离子能够进入质量分析器而不破坏真空条件。质量分析器通常是以四级滤质器的原理进行质量分离的。该分离器的质量范围在 3~300 u（原子量单位）以内，具有一个质量单位的分辨能力，为提高分辨率，也可应用磁式双聚焦质量分析器。离子的检测主要可以应用于电子倍增器，其产生的脉冲信号会直接输入多道脉冲分析器中，从而得到每一个质荷比的离子的计数，即质谱。

# 第四节　纳米材料的结构分析

通过纳米技术制造的纳米材料，其物理、化学特性既不同于微观的原子、分子，也不同于宏观物体，纳米材料的尺寸范围为 1~100 nm。根据纳米材料结构的不同，可将纳米材料分为四类，即纳米结构晶体或三维纳米结构（如等轴微晶）；二维纳米结构（如纳米薄膜）；一维纳米结构（如纳米碳管）；以及零维原子簇或簇组装（如粒径不大于 2 nm 的纳米粒子）。纳米材料主要包括晶体、赝晶体、无定形金属、陶瓷和化合物等。纳米材料具有小尺寸效应、表面与界面效应、量子尺寸效应、介电限域效应和宏观量子隧道效应。材料的性质与微结构有密切关系，纳米材料的特殊性质与其结构之间有着密切的关联。因此对纳米材料微结构的研究对实验是非常有意义的。

从纳米材料的结构单元层次来看，纳米材料是介于宏观物质和微观原子、分子的中间领域。纳米材料主要由纳米晶粒和晶粒界面两部分组成，这两者对纳米材料的性能有着重要的影响。有关纳米晶粒内部的微观结构的研究表明，纳米材料的微观结构与传统的晶体结构基本一致，但是由于每个晶粒仅包含着有限个晶胞，晶格点阵必然会发生一定程度的弹性畸变。因此确定纳米粒子的精密结构，从理论上阐述其结构特征与特异性能的关系以及由少量原子或分子组成的纳米粒子时的规律，应是当前纳米材料最主要的研究内容之一。

## 一、X 射线吸收精细结构谱（XAFS）

X 射线吸收精细结构谱（XAFS）是近些年来迅速发展起来的一种有效研究物质原子近邻位置结构的实验手段，同时可同步辐射光源的利用及其发展为 XAFS 实验打下了坚实的基础，极大地推动了 XAFS 的研究及其应用。XAFS 现象最早于 20 世纪 60 年代被发现，经过科学家们多年不断的研究，直到 70 年代才对 XAFS 现象做出了正确的理论解释，他们认为样品中吸收原子的出射电子波受到近邻原子的散射进而形成散射电子波，出射波与散射波在吸收原子处相互干扰，当两者相位相同时出现干涉极大，而当两者相位相反时，出现的干涉则极小，这就会使吸收系数发生波动变化，从而形成谱的振荡结构。

XAFS 主要是指吸收边附近和之后的吸收系数随能量的变化，从中可以得到电子和原子结构的信息。而 X 射线吸收谱就是利用物质因原子光电效应吸收对吸收概率的贡献而形成的谱线。能量范围主要在 1~200 keV。XAS 因涉及光电效应，所以谱线与原子的电子轨道有关。不同的轨道跃迁有不同的能量，自然也有对应的吸收峰位。不同的轨道上的电子跃迁的吸收边是不同的。XAFS 中吸收系数振荡部分相当于只有吸收高度的百分之几，所以要求有尽量强且稳定的 X 射线源才可以得到高信噪比的数据。同步辐射 X 射线是通过电子储存环或同步加速器所产生的，它具有辐射强度高、稳定性高、光谱广阔平滑连续等普通光源所不具备的优点，因此对于 XAFS 方法而言，同步辐射的出现使 XAFS 成为更加实用的结构分析工具。同步辐射光源 X 射线吸收精细结构谱学（XAFS）是对于物质中特定原子近邻结构的最有效的研究方法，它可以提供吸收原子附近的局域结构信息，精确到 0.002 nm 量级内。因此，XAFS 这一方法在研究纳米材料空间结构、表面和界面结构、表面吸收分子的取向及化学键、界面的结构重组等方面已经成为最有效的研究方法之一。

## 二、傅里叶变换红外光谱（FT-IR）

傅里叶变换红外光谱是红外光谱分析的优选方法，当连续波长的红外光源照射样品时，样品中的分子会吸收部分波长光，没有被吸收的光会到达检测器（称为透射方法）。将检测器获取透过样品的光模拟信号进行模数转换和傅里叶变换，得到具有样品信息和背景信息的单光束谱，然后用相同的检测方法获取红外光不经过样品的背景单光束谱，将透过样品的单光束谱扣除背景单光束谱，就生成了代表样品分子结构特征的红外指纹的光谱。由于不同的化学结构会产生不同的指纹光谱，这就体现了红外光谱的价值意义。傅里叶变换技术将检测器输出信号转换为可解读红外光谱，生成的红外光谱以图形的形式提供可供解析的样品分子结构的信息。

分子在未受光照之前，储存能量均处于最低能级，称为基态；当分子受到红外光的辐射，产生振动能级的跃迁，在振动时伴有偶极矩改变则就吸收红外光子，形成红外吸收光谱。红外光谱根据不同的波数范围还可分为近红外区、中红外区和远红外区。红外光谱在化学领域中可测定分子的键长、键角，从而判断分子的立体构型，根据所得的力常数可以知道化学键的强弱，由简正频率来计算热力学函数等。根据光谱中吸收峰的位置和形状来推断未知物结构，依照特征吸收峰的强度来测定混合物中各组分的含量。红外光谱分析具有快速性、高灵敏度、试样用量少、能分析各种状态的试样等特点，已成为材料分析中最常用的工具。红外光谱的吸收强度和表示方法表示分子振动时偶极矩的变化不仅决定该分子能否吸收红外光，而且还关系到吸收峰的强度。根据量子理论，红外光谱的吸收强度与分子振动时偶极矩变化的平方成正比。对于同一类型的化学键，偶极矩的变化与结构的对称性有关。红外光谱的最大特点是具有特征性，与一定的结构单元相联系的振动频率作为基团频率，只要掌握了各种基团的振动频率（基团频率）及其位移规律，就可应用红外光谱来检定化合物中存在的基团及其在分子中的相对位置。傅里叶变换红外光谱已经作为了实验中最重要的检测方法之一。

## 三、拉曼光谱

拉曼光谱（Raman Spectrum），是一种散射光谱。拉曼光谱分析法是基于印度科学家 C. V. 拉曼（Raman）所发现的拉曼散射效应，对与入射光频率不同的散射光谱进行分析以得到分子振动、转动方面信息，并应用于分子结构研究的一种分析方法。它能够揭示材料中的空位、位错、间隙原子、晶界和相界等提供相关信息。纳米材料中的晶界结构相当复杂，与材料的成分、制备方法、键合类型、成型条件及热处理方法等因素密切相关。拉曼频移与物质分子的振动和转动能级有关，不同的物质产生的拉曼频移不同。拉曼频移能够为纳米材料的表征提供有价值的结构信息，利用拉曼频移还能够对纳米材料进行键态特征分析、分子结构分析及定性鉴定等。此外，根据固体纳米材料的拉曼光谱进行计算还能够得到纳米材料表面原子的具体位置信息。拉曼光谱具有方便快速、灵敏度高、不破坏样品等优点，是研究纳米材料，尤其是低维纳米材料的首选方法。

## 第五节　纳米材料的表面与界面分析

### X 射线光电子能谱（XPS）

X 射线光电子能谱仪（XPS）是表面分析中最主要的分析方法，它甚至可满足最苛刻的表面分析要求。这项技术能够提供极高的表面灵敏度，对尺寸在纳米范围内的材料能够进行精确表征。此外，它还能在一次分析过程中同时分析不同类型的材料。XPS 可以用于：①元素的定性分析，可以根据能谱图中出现的特征谱线的位置鉴定除 H、He 以外的其他所有元素；②元素的定量分析，根据能谱图中光电子谱线强度（光电子峰的面积）反应原子的含量或相对浓度；③固体表面分析，包括表面的化学组成或元素组成、原子价态、表面能态分布，测定表面电子的电子云分布和能级结构等；④化合物的结构，可以对内层电子结合能的化学位移精确测量，提供化学键和电荷分布方面的信息。

# 第四章

# 细胞生物学应用实验

## 实验一　蛋白质的颜色反应及沉淀反应

### 一、实验目的

（1）掌握鉴定蛋白质的原理及方法。

（2）熟悉蛋白质沉淀反应的机理。

（3）进一步了解蛋白质的相关性质。

### 二、实验原理

#### （一）蛋白质的颜色反应原理

蛋白质分子中的某种或某些基团与显色剂作用，可产生特定的颜色反应，不同蛋白质所含氨基酸种类不同，颜色反应亦不同。颜色反应不是蛋白质的专一反应，一些非蛋白物质也可产生相同的颜色反应，因此不能仅根据颜色反应的结果决定被测物质是否是蛋白质。另外，颜色反应是一些常用的蛋白质定量测定的依据，比如以下几种：

**1. 双缩脲反应**

尿素（脲）加热至 180 ℃左右时，两分子脲缩合，生成双缩脲并放出一分子氨。双缩脲在碱性环境中能与 $Cu^{2+}$结合生成紫红色化合物，此反应称为双缩脲反应。蛋白质或二肽以上的多肽因为含有多个与双缩脲相似的肽键，因此都有双缩脲反应，生成紫红色或蓝紫色的化合物。化合物颜色的深浅与蛋白质的浓度成正比，但是与蛋白质分子量及氨基酸的组成无关，可用于蛋白质的定性或定量测定（图 4-1）。但有双缩脲反应的物质不一定都是蛋白质或多肽，含有 $—CS—NH_2$、$—CH_2—NH_2$ 等基团的物质，过量的铵盐等都会干扰本实验。

**2. 茚三酮反应**

除脯氨酸、羟脯氨酸和茚三酮反应产生黄色物质外，所有 α-氨基酸及一切蛋白质都能和茚三酮反应生成蓝紫色物质。此反应的适宜 pH 为 5~7（弱酸性环境）。同一浓度的蛋白质或氨基酸在不同 pH 条件下的颜色深浅不同，酸度过大时甚至不显色。该反应十分灵敏，1∶1 500 000 浓度的氨基酸水溶液即能显示反应，是一种常用的氨基酸定量测定方法。但也有些物质对茚三酮也呈类似的阳性反应，如 $\beta$-丙氨酸、氨和许多一级胺化合物等。所以定性或定量测定中，应严防干扰物存在。茚三酮反应分为两步：①氨基酸被氧化生成 $CO_2$、$NH_3$ 和醛类化合物；水合茚三酮被还原成还原型茚三酮。②所形成的还原型茚三酮与另一个茚三酮分子和 —NH—：缩合生成蓝紫色物质。

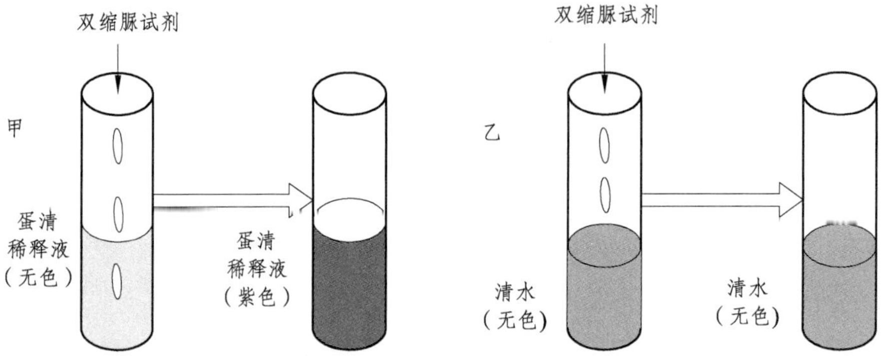


图 4-1　蛋白质的双缩脲反应

3. **黄色反应**

凡是含有苯环的化合物都能与浓硝酸作用产生黄色的硝基苯衍生物，该化合物在碱性溶液中进一步转化成深橙色的硝醌酸钠。在蛋白质分子中，具有芳香环的氨基酸（如酪氨酸、色氨酸等）残基易发生上述反应，而苯丙氨酸不易硝化，需加少量浓硫酸催化才能呈明显反应。皮肤、指甲、头发等遇浓硝酸变黄即为这一反应的结果。

（二）蛋白质的沉淀反应机理

蛋白质颗粒表面带有很多极性基团，如—$NH_3$，—COO，—SH 等，这些基团和水具有高度亲和性，当水与蛋白质接触时，就很容易被蛋白质吸住，在蛋白质颗粒外面形成一层水膜（又称水化层）。同时，由于蛋白质颗粒在非等电状态时带有相同电荷，使蛋白质颗粒之间相互排斥，保持一定距离，不致相互凝集沉淀，因此，蛋白质的水溶液是一种比较稳定的亲水胶体。然而其稳定性是有条件的，与蛋白质的电荷、质点大小、水化作用等有关。在一定的理化因素影响下，蛋白质颗粒可因失去电荷和脱水，甚至变性，则以固体形式从溶液中析出，这个过程称为蛋白质的沉淀反应。

## 三、仪器与试剂

1. **仪　器**

试管、滴管、电炉、pH 试纸、水浴锅、纱布、电子分子天平（1 台）。

2. **试　剂**

卵清蛋白液、0.1%茚三酮溶液（溶剂为乙醇）、10%氢氧化钠溶液、浓硝酸、1%硫酸铜溶液、饱和硫酸铵溶液、95%乙醇、氯化钠、1%醋酸铅、饱和苦味酸溶液、1%醋酸溶液、米伦（Millon）试剂、尿素晶体。

## 四、实验内容

### （一）溶液的配制

（1）卵清蛋白液：鸡蛋清用蒸馏水稀释 10~20 倍，3~4 层纱布过滤，滤液放在冰箱里冷藏备用。

（2）米伦试剂配制：40 g 汞溶于 60 mL 浓硝酸（水浴加热助溶），溶解后，冷却，加 2 倍体积的蒸馏水混匀，取上清液备用。此试剂可长期保存。

### （二）颜色反应

**1. 双缩脲反应**

（1）取少量尿素晶体放在干燥的试管中，微火加热熔化至重新结晶时冷却；然后加 10% NaOH 溶液 1 mL，摇匀；再加 2~4 滴 1% $CuSO_4$溶液，混匀，观察现象。

（2）取蛋白液 1 mL，加 10% NaOH 溶液 1 mL，摇匀；再加 2~4 滴 1% $CuSO_4$溶液，混匀，观察现象。

**2. 茚三酮反应**

取蛋白液 1 mL 于试管中，加 4~8 滴茚三酮溶液，加热至沸，观察现象。

**3. 黄色反应**

取一支试管，加入 1 mL 蛋白液和浓硝酸 5 滴。加热，冷却后注意颜色变化。然后再加入 10% NaOH 溶液 1 mL，观察颜色有什么变化。

（1）苯酚实验：取 0.5%苯酚溶液 1 mL 于试管中，加米伦试剂 0.5 mL，用电炉小心加热，观察颜色变化。

（2）蛋白质实验：取 2 mL 蛋白液，加米伦试剂 0.5 mL，出现白色的蛋白质沉淀，小心加热，观察现象。

### （三）沉淀反应

**1. 蛋白质的盐析**

（1）试管中加馏水 3 mL，再加固体硫酸铵至饱和。另一支试管加蛋白液 2 mL，再加入饱和硫酸铵溶液 2 mL，摇匀，静置，观察现象。

（2）将上述混合液过滤。向滤液中逐渐加入少量固体硫酸铵，直至饱和为止，此时析出清蛋白。再加入少量蒸馏水，观察沉淀是否溶解。

**2. 重金属盐与某些有机酸沉淀蛋白质**

（1）取试管 2 支，各加蛋白液 2 mL，一支管中滴加 1%醋酸铅溶液，另一支管中滴加 1%硫酸铜溶液，至有沉淀产生。

（2）取一支试管加蛋白液 2 mL，再加入 10%三氯乙酸 1 mL，充分混匀，观察结果。

**3. 生物碱试剂沉淀蛋白质**

取一支试管，加入蛋白液 2 mL 及醋酸 4~5 滴，再加饱和苦味酸数滴，观察现象。

4. **有机溶剂沉淀蛋白质**

试管中加蛋白液 1 mL 加晶体氯化钠少许，溶解后加 95%乙醇 3 mL，摇匀，观察现象。

### 五、实验结果和处理

记录蛋白质颜色反应中各个反应实验现象及颜色变化。

### 六、注意事项

在配制米伦试剂，称取汞时应操作规范，注意实验安全。

### 七、思考题

蛋白质发生以上反应是否发生变性？变性是否可逆？

## 实验二　氨基酸纸层析

### 一、实验目的

（1）通过氨基酸的分离，学习并掌握纸层析的原理及操作技术。
（2）掌握色谱法分析的原理和类型。
（3）了解影响分配系数的因素。

### 二、实验原理

层析技术是根据被分离的混合物中各组分的理化性质（分子的形状和大小、分子极性、吸附力、分子亲和力、分配系数等）的不同，使各组分在两相（其中一相为固定的，称为固定相；另一相流过固定相，称为流动相）中进行分配。

而纸层析法是以滤纸作为惰性支持物的分配层析。滤纸纤维上羟基具有亲水性，因此吸附水作为固定相，通常把有能溶于水的有机溶剂作为流动相，如苯酚或正丁醇作为流动相，它沿着滤纸长的方向向上或向下流动。氨基酸混合液经纸上层析，由于不同的氨基酸有不同的分配系数，不同氨基酸随流动相移动的速率就不同，于是就将这些氨基酸分离开来，形成距原点不等的层析点，从而达到分离。经显色后，与标准氨基酸图谱比较或与氨基酸的标准 $R_f$ 值（比移值、迁移率值）比较（表 4-1），可作为辨别各种氨基酸的定性依据。

$$R_f = \frac{\text{原点到层析点中心距离（}X\text{）}}{\text{原点到溶剂前沿的距离（}Y\text{）}}$$

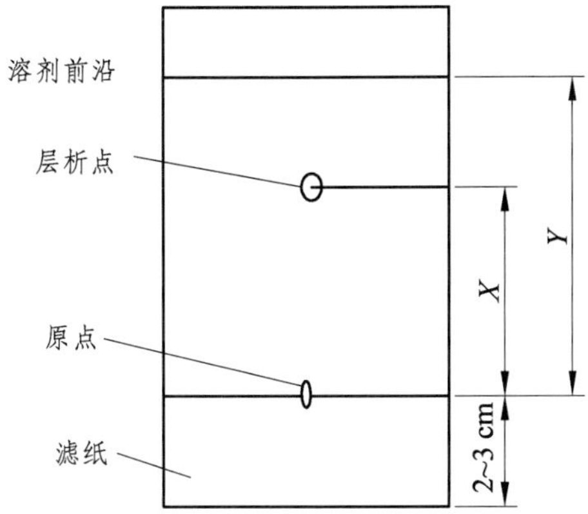


图 4-2 纸层析法 $R_f$ 值计算示意图

表 4-1 各种氨基酸的标准 $R_f$ 值

| 氨基酸 | 标准 $R_f$ 值 | | 氨基酸 | 标准 $R_f$ 值 | |
|---|---|---|---|---|---|
| | 第一相（酸相） | 第二相（碱相） | | 第一相（酸相） | 第二相（碱相） |
| 天冬氨酸 | 0.27 | 0.01 | 甲硫氨酸 | 0.64 | 0.31 |
| 谷氨酸 | 0.35 | 0.01 | 缬氨酸 | 0.67 | 0.32 |
| 赖氨酸 | 0.12 | 0.03 | 色氨酸 | 0.64 | 0.48 |
| 精氨酸 | 0.15 | 0.05 | 异亮氨酸 | 0.77 | 0.52 |
| 组氨酸 | 0.11 | 0.10 | 亮氨酸 | 0.79 | 0.57 |
| 甘氨酸 | 0.30 | 0.06 | 苯丙氨酸 | 0.73 | 0.58 |
| 羟丁氨酸 | 0.37 | 0.10 | 胱氨酸 | 0.08 | 0.02 |
| $\gamma$-氨基丁酸 | 0.46 | 0.08 | 丝氨酸 | 0.28 | 0.06 |
| 丙氨酸 | 0.47 | 0.14 | 脯氨酸 | 0.48 | 0.16 |
| 酪氨酸 | 0.25 | 0.23 | | | |

## 三、仪器与试剂

**1. 仪　器**

毛细管、层析缸、层析滤纸、层析新华滤纸、喷雾器、直尺。

**2. 试　剂**

氨基酸标准品（谷氨酸、亮氨酸、组氨酸、脯氨酸）、展开剂、12%氨水、茚三酮、丙酮、异丙酮。

展开剂：正丁醇-88%甲酸-水（体积比 15∶3∶2）摇匀。

显色液：称取 0.2 g 三酮，溶于 100 mL 丙酮中。

0.5%标准氨基酸溶液：称取各种氨基酸各 0.5 g，分别置于 100 mL 容量瓶中，用 10%异丙酮溶液溶解，定容至刻度。

## 四、实验内容

（1）称取谷氨酸、组氨酸、脯氨酸、亮氨酸标准品各 1 mg，混合溶于 10%异丙醇中（0.01 mol/L）。

（2）滤纸的准备：取一长方形滤纸，在滤纸横向对应的两边，距边沿 2 cm 处，各画两条平行线，一条作为前沿标志，一条作为点样线，在点线上每隔 2 cm 画一个“+”作为点样位置，共 5 个点。

（3）点样：用毛细管点样，中间点混合氨基酸，两侧点 4 种标准氨基酸；每点一次晾干后再点下次，点样点的直径应控制在 2 mm 左点，样点重复点 5 次。点样完毕用大头针将滤纸做成筒形，点样面向外。

（4）展层：向层析缸中加入层析溶剂，液面不要超过点样线（高约 1.5 cm，约 50 mL 溶剂），将滤纸点样点朝下放入层析溶剂中，将层析缸密闭，待溶剂到达标志线后取出冷风吹干。

（5）显色：用喷雾器将 0.2%茚三酮显色剂均匀喷在滤纸上，65 ℃烘干，或用热风（加快反应）吹干，显色。

## 五、实验结果和处理

（1）用铅笔将层析色谱轮廓和中心点描出来。

（2）测量原点至色谱中心和溶剂前沿的距离，计算各种已知氨基酸和未知氨基酸的 $R_f$ 值。

（3）分析混合样品中未知氨基酸的组分。

## 六、思考题

（1）分析影响 $R_f$ 值的主要因素有哪些？

（2）茚三酮丙酮溶液的作用机制是什么？

# 实验三　Bradford 法检测蛋白质含量

## 一、实验目的

（1）掌握 Bradford 法检测蛋白质含量的原理及方法。

（2）了解其他蛋白质定量检测方法的基本原理及优缺点。

## 二、实验原理

蛋白质的定量检测是生物化学研究中常用的一种分析检测方法，其中主要包括生物凯氏定氮法、Folin-酚试剂法（Lowry 法）、二喹啉甲酸（BCA）法、双缩脲法（Biuret

法）、紫外分光光度法、考马斯亮蓝 G-250 染色法（Bradford 法）。在实际应用过程中，需要根据待测蛋白质独有的理化性质或检测环境所需等因素进行综合性考虑。例如，生物凯氏定氮法可用于所有食品的蛋白质分析中，实验费用较低，操作相对比较简单且结果准确；但是它最终测定的是有机氮而非蛋白质氮，灵敏度低而且耗时长。Folin-酚试剂法（Lowry 法）显色原理是根据双缩脲反应，蛋白质中的肽键在碱性条件下与 $Cu^{2+}$反应生成紫红色 $Cu^{+}$复合物，虽然检测灵敏度较高；但是费时间较长，要精确控制操作时间，且专一性较差，干扰物质较多。二喹啉甲酸（BCA）法与 Folin-酚试剂法检测原理类似；但是其操作较后者更加简便且灵敏度高，受干扰较小。双缩脲法（Biuret 法）测定速度较快，抗干扰物质少；但不同蛋白质产生的颜色深浅相近且灵敏度差。紫外分光光度法检测较快；但是其检测主要依赖蛋白质中芳香族氨基酸，检测结果容易受到核苷酸的影响。考马斯亮蓝 G-250 染色法（Bradford 法）是近年来最为常用的分析检测方法。

Bradford 法又称考马斯亮蓝法（Coomassie Blue Staining，CBB），用于测定蛋白质含量，属于染料结合法的一种。其检测原理：考马斯亮蓝在游离状态下呈红棕色，最大光吸收在 465 nm；当蛋白质与色素结合后变为蓝色，结合物在 595 nm 波长下有最大光吸收，其光吸收值与蛋白质含量成正比（图 4-3），因此可用于蛋白质的定量测定。蛋白质与考马斯亮蓝结合反应十分迅速，2 min 左右的时间内达到平衡；其结合物在室温下 1 h 内保持稳定。该法试剂配制简单，操作简便快捷，反应非常灵敏，灵敏度高，可测定微克级蛋白质含量，测定蛋白质浓度范围为 0 ~ 1000 μg/mL，是一种常用的微量蛋白质快速测定方法。研究认为染料最容易与蛋白质中的精氨酰和赖氨酰残基结合，由于各种蛋白质中的含量不同，与染料的相互作用有强有弱，导致测定不同蛋白质时偏差较大。进行了一些改良后，可以克服波动问题，但通常会导致检测更容易受其他化合物的干扰。

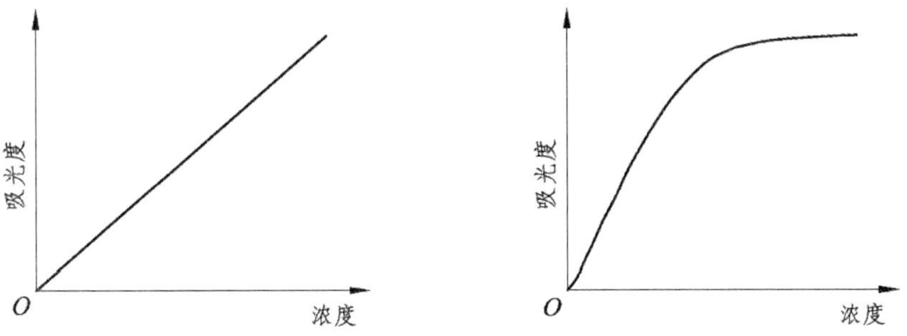


（a）考马斯亮蓝　　（b）蛋白质与考马斯亮蓝结合物

图 4-3　吸光度与物质浓度的关系

## 三、仪器与试剂

### 1. 仪　器

分析电子天平、烧杯（250 mL、50 mL）、容量瓶（100 mL、1000 mL）、移液枪、

EP 管、孔板、紫外分光光度计/酶标仪。

2. **试　剂**

牛血清蛋白（BSA）、磷酸缓冲剂（PBS）、去离子水、考马斯亮蓝 G-250 工作液。

## 四、实验内容

1. **预热仪器**

提前半小时打开紫外分光光度计或酶标仪。

2. **BSA 标准浓度梯度的配制**

先配制 1 mg/mL 的 BSA 母液，用天平称量 1.00 g BSA，溶于去离子水中，配成 100 mL 溶液，溶液的浓度为 10 mg/mL。再往母液中加入磷酸缓冲溶液（PBS）配制一组浓度分别为 1.0 mg/mL，0.8 mg/mL，0.6 mg/mL，0.4 mg/mL，0.2 mg/mL 的 BSA 溶液，再将这组溶液稀释 10 倍，得到一组浓度分别为 0.10 mg/mL，0.08 mg/mL，0.06 mg/mL，0.04 mg/mL，0.02 mg/mL 的 BSA 溶液。计算第一步稀释各组需要的 BSA 溶液及 PBS 溶液的体积。

3. **考马斯亮蓝溶液的配制**

利用分析电子天平称取 10 mg 考马斯亮蓝，将其溶于 5 mL 95%乙醇中，之后加入 10 mL 磷酸，定容至 100 mL，备用。

4. **蛋白质样品的制备**

取未知浓度的蛋白质样品，用磷酸盐缓冲液进行适度稀释，如 5 倍、10 倍和 20 倍。

5. **检　测**

（1）分别吸取 0.2 mL 蛋白质样品、不同浓度梯度的 BSA 标准品溶液和 PBS 溶液加至 15 mL 离心管中，再分别加入 1 mL 考马斯亮蓝溶液，混合均匀，室温静置 2 min。

（2）分别取适量反应液，加入紫外分光光度计样品池中。于 595 nm 检测样品的吸光度，根据标准品的浓度梯度绘制标准曲线，从而计算蛋白质样品的实际浓度。

## 五、思考题

（1）根据绘制的标准曲线，计算蛋白质样品的实际浓度。

（2）除了 Bradford 法，还有哪些方法可用于蛋白质定量检测？比较其优缺点。

# 实验四　动物肝脏 DNA 的提取

## 一、实验目的

（1）掌握从动物组织中提取 DNA 的方法和原理。

（2）掌握琼脂糖凝胶电泳分离核酸的原理和方法。

（3）加深分子生物学理论的认识和纳米化学实验基本技能的培养。

## 二、实验原理

脱氧核糖核酸（DNA，Deoxyribonucleic acid），又称去氧核糖核酸，是脱氧核糖核酸染色体的主要化学成分，同时也是组成基因的材料。可被甲基绿染成绿色，并且DNA对紫外线（260 nm）有吸收作用，利用这一特性，可以对DNA进行含量测定。当核酸变性时，吸光度升高，称为增色效应；当变性核酸重新复性时，吸光度又会恢复到原来的水平。较高温度、有机溶剂、酸碱试剂、尿素、酰胺等都可以引起DNA分子变性，即DNA双链碱基间的氢键断裂，双螺旋结构解开也称为DNA的解螺旋。

对于如何提取动物肝脏中的DNA，可利用不同浓度的氯化钠溶液，将脱氧核糖核蛋白和核糖核蛋白从样品中分别抽提出来。脱氧核糖核蛋白在浓氯化钠（1 mol/L）溶液中溶解度很大，核糖核蛋白的溶解度很小。而脱氧核糖核蛋白在稀氯化钠（0.14 mol/L）溶液中的溶解度很小，核糖核蛋白的溶解度却很大。因此可利用这一特性，将脱氧核糖核蛋白和核糖核蛋白从样品中有效抽提。将抽提得到的核蛋白用SDS（十二烷基磺酸钠）处理，DNA（或RNA）即与蛋白质分开，可用氯仿-异戊醇将蛋白质沉淀除去，而DNA则溶解于溶液中，接着向溶液中加入适量乙醇，即析出DNA。

注意：为了防止DNA（或RNA）酶解，提取时加EDTA（Ethylene Diamine Tetraacetic Acid，乙二胺四乙酸）。

## 三、仪器与试剂

### 1. 仪　器

组织匀浆器、离心机、剪刀、真空干燥器、吸管、烧杯、水浴锅、量筒、玻璃棒、纱布。

### 2. 试　剂

小鼠新鲜肝脏、氯仿、异丙醇、5 mol/L NaCl溶液、Tris-EDTA缓冲液、0.14 mol/L NaCl-0.10 mol/L EDTA-Na溶液。

注：0.14 mol/L NaCl-0.10 mol/L EDTA-Na溶液配制：称取8.18 g NaCl及37.2 g EDTA-Na，溶于蒸馏水，稀释至1000 mL。

## 四、实验内容

### 1. 制　样

取新鲜猪肝4~5 g，用适量0.14 mol/L NaCl-0.10 mol/L EDTA-Na溶液洗去血液，剪碎，加入约10 mL 0.14 mol/L NaCl-0.10 mol/L EDTA-Na溶液，置于匀浆器或研钵中研磨，研磨一定要充分，研磨至糊状。

### 2. 提取DNA

用单层纱布滤去残渣，滤液在4000 r/min下离心10 min，弃去上清液，沉淀用0.14 mol/L NaCl-0.10 mol/L EDTA-Na溶液洗2~3次。沉淀物加入0.14 mol/L

NaCl-0.10 mol/L EDTA-Na 溶液，使总体积为 18 mL，然后滴加 25% SDS 溶液 2 mL，边加边搅拌。接着置于 60 ℃水浴保温 10 min（不停搅拌），溶液变得黏稠并略透明，取出冷至室温。加入 5 mol/L NaCl 溶液，使 NaCl 最终浓度达到 1 mol/L，搅拌 10 min，加入约一倍体积的氯仿-异戊（丙）醇混合液，振摇 10 min，静置分层，上层为水相（DNA 钠盐），中间层为变性的蛋白质沉淀，下层为有机相，取上层水相，并重复提取 2~3 次。去掉沉淀，上层清液徐徐加入 1.5~2 倍体积的 95%乙醇，DNA 沉淀即析出，用玻璃棒顺着一个方向慢慢搅动，DNA 丝状物即缠在玻璃棒上。

3. 保　存

取出 DNA 丝状物，室温放置 20 min 左右，之后溶解于 2 mL Tris-EDTA 缓冲液，低温保存。

## 五、思考题

（1）所提取的 DNA 是否是纯品？如何进一步提高其纯度？

（2）DNA 提取过程中的关键步骤及注意事项有哪些？

# 实验五　质粒 DNA 的提取与琼脂凝胶糖电泳

## 一、实验目的

（1）了解质粒 DNA 提取的基本原理及操作方法。

（2）掌握琼脂凝胶糖电泳分离 DNA 的原理及操作方法。

## 二、实验原理

质粒广泛存在于生物界，从细菌、放线菌、丝状真菌、大型真菌、酵母到植物，甚至人类机体中都含有。从分子组成看，有 DNA 质粒，也有 RNA 质粒；从分子构型看，绝大部分为环状质粒，也有线型质粒。质粒是一类存在于几乎所有细菌中染色体之外（细胞质中）呈游离状态的双链、有自主复制能力、闭环的 DNA 分子。质粒具有自主复制能力，使其在子代细胞中也能保持恒定的拷贝数，并表达所携带的遗传信息。细菌质粒是 DNA 重组技术中常用的载体。

碱裂解法提取质粒 DNA：细菌培养物加入碱性溶液处理后，菌体裂解，可使细菌的质粒 DNA、染色体 DNA 和 RNA 一起从细胞内释放出来，经琼脂糖凝胶电泳，因各种核酸分子的迁移率不同可将上述核酸分成不同的带。用溴化乙啶（EB）染色后，在紫外线灯下可看到各种核酸带发出的荧光。根据荧光的位置，可区分不同的核酸带。

琼脂糖凝胶电泳（图 4-4）：琼脂糖凝胶电泳技术（Agarose Gel Electrophoresis Technique）是分离、鉴定和提纯 DNA 片段的有效方法。凝胶分辨率决定于使用材料的浓度，并由此决定凝胶的孔径。琼脂糖凝胶可分辨 0.1~6.0 kb 的双链 DNA 片段。琼脂糖凝胶电泳是一个电场作用，它首先利用琼脂糖的分子筛效应，此外，在弱碱性条件下，DNA 分子带负电荷，从负极向正极移动。根据 DNA 分子大小、结构及所带电荷的不同，它们以不同的速率通过介质运动而相互分离。借助溴化乙啶（EB）能与双链 DNA 结合的作用，利用 EB 染色，并通过紫外线激发即可观察被分离 DNA 片段的位置。

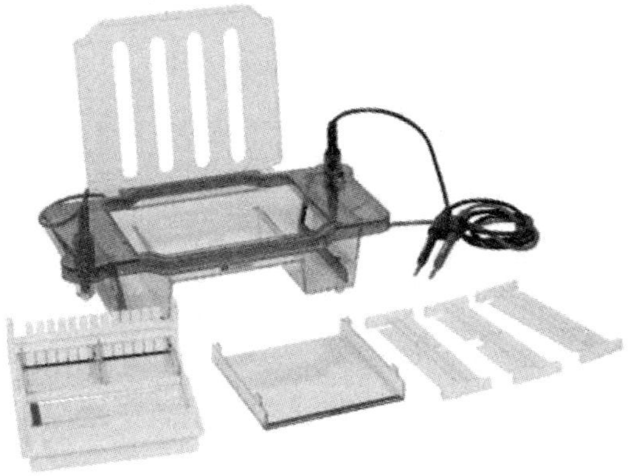

图 4-4　琼脂糖凝胶电泳装置

## 三、仪器与试剂

### 1. 仪　器

离心机、EP 管、恒温培养箱、凝胶槽、电泳仪、核酸分析仪、摇床、移液枪、凝胶成像仪、超净台、高压灭菌锅、电子分析天平、水平凝胶电泳槽和梳子及其制胶模块。

### 2. 试　剂

大肠杆菌菌液、TE 缓冲液、KAc 缓冲溶液（pH 4.8）、葡萄糖、LB 液体培养基、70%乙醇、DNA 染料、溴化乙啶（EB）、溶液Ⅰ、溶液Ⅱ、溶液Ⅲ、6×凝胶加样缓冲液、50×TAE 电泳缓冲液、琼脂糖、酚-氯仿-异戊醇（体积比 25∶24∶1）。

TE 缓冲液：10 mmol/L Tris-HCl（pH 8.0）、1 mmol/L EDTA（pH 8.0）。121 ℃高压灭菌 15 min，储存于 4 ℃。

溶液Ⅰ：50 mmol/L 葡萄糖、25 mmol/L Tris-HCl（pH 8.0）、10 mmol/L EDTA（pH 8.0）。配制 500 mL，121 ℃高压灭菌 15 min，储存于 4 ℃。

溶液Ⅱ：0.2mol/L NaOH、1% SDS。使用前临时配制。注意：SDS 易产生气泡，不要剧烈搅拌。

溶液Ⅲ：60 mL 5 mol/L KAc、11.5 mL 冰醋酸、28.5 mL $H_2O$（该溶液钾离子浓度为 3 mol/L，醋酸根离子浓度为 5 mol/L）。混匀后会形成絮状沉淀。

6×凝胶加样缓冲液：0.25%溴酚蓝、40%蔗糖。

50×TAE 电泳缓冲液（pH 8.5）：Tris 碱 242 g、57.1 mL 冰醋酸、37.2 g EDTA-2Na·$2H_2O$，用去离子水定容至 1 L。使用时稀释成 1×TAE 缓冲液。

## 四、实验内容

**1. 碱裂解法提取质粒 DNA**

接种细菌于 5 mL LB 液体培养基中，37 ℃培养过夜。接着用转速为 3000 r/min，离心 5 min，弃上清。接着加入 100 μL 溶液Ⅰ悬起细菌沉淀，充分混匀，室温静置 10 min。加入 200 μL 新配制的溶液Ⅱ，颠倒 EP 管 5 次混合均匀，冰浴 5 min。加入 200 μL 溶液Ⅲ（事先预冷），温和地混匀，12 000 r/min，离心 15 min。吸取上层清亮裂解液放入另一新 EP 管中，加等体积酚-氯仿-异戊醇抽提 2 次，12 000 r/min，离心 2 min，取上清液（若不做酶切，此步可省略）。吸取上清放入另一新 EP 管中，加入 2 倍体积的冷无水乙醇，振荡混匀后静置 10 min，接着在转速为 12 000 r/min 下离心 10 min，弃上清液，加入 200 μL 70%乙醇洗涤沉淀物，12 000 r/min 下离心 2 min，弃去上清液后将沉淀在室温下晾干（或置于 50~60 ℃烘箱中）。干燥后用 30 μL TE 缓冲液洗下核酸，待电泳检测。

**2. 琼脂糖凝胶电泳**

首先将电泳装置（图 4-4）调整合适，取琼脂糖 0.5 g，加入 50 mL 1×TAE 电泳缓冲液于 250 mL 烧瓶中，100 ℃加热溶解。将其缓慢倒入制胶板。在溶解好的凝胶中加入终浓度为 0.5 μg/mL 的溴化乙啶水溶液，轻轻混匀，待冷至 50 ℃左右倒入凝胶槽，胶厚为 5~8 mm。待胶彻底凝固后，去掉两侧挡板，将凝胶放入盛有电泳液的槽中（加样孔朝向负极端，DNA 由负极向正极移动），使液面高出凝胶 2~3 mm，小心拔出梳子。将 DNA 样品与载体缓冲液按体积比 5∶1 混合并加入凹孔中（样品不可溢出）。接着打开电源，调节所需电压，电压与凝胶的长度有关，一般使用电压不超过 5 V/cm。根据指示染料移动的位置，确定电泳是否终止（溴酚蓝的泳动距离在 5 sRNA 和 0.3 kb DNA 带之间）。最后电泳完毕关闭电源，将凝胶成像仪下观察并拍照记录。

## 五、注意事项

在紫外灯下观察室应戴上防护眼镜，以免强紫外光伤害眼睛。

## 六、思考题

（1）泳道中的质粒 DNA 有几条带？为什么？

（2）如果 DNA 条带不够窄且不够均匀，可能是哪几个方面造成的？

（3）DNA 迁移速率取决于哪些因素？

# 实验六　细胞生长曲线

## 一、实验目的

（1）学习细胞计数的方法。

（2）理解并掌握测定细胞生长曲线的方法及基本原理。

（3）了解细胞生长基本规律。

## 二、实验原理

细胞生长曲线是测定细胞绝对生长数的常用方法，是判定细胞活力的重要指标。一般细胞传代之后，经过短暂的悬浮然后贴壁，随后度过长短不同的潜伏期，即进入大量分裂的指数生长期，在达到饱和密度后细胞停止生长，进入平顶期，然后退化衰老。典型的生长曲线即可分为潜伏期、指数生长期、平顶期及退化衰老四部分，其中三个不同生长时期（潜伏期、指数生长期和平顶期）是每个细胞系所共有的特征。为了准确描述整个过程中细胞数目的动态变化，可分为生长缓慢的潜伏期、斜率较大的指数生长期、呈平台状的平顶期及退化衰亡四部分。细胞生长曲线的测定一般可利用细胞计数法和 MTT[3-(4,5-二甲基噻唑-2)-2,5-二苯基四氮唑溴盐，3-(4,5)-dimethylthiahiazo(-z-y1)-3,5-di-phenytetrazoliumromide]法进行。计数法和 MTT 法的区别是计数法确定的是细胞的绝对数量，而 MTT 法实际上是检测细胞的代谢强度，当然，这与细胞的数量也是有一定的正比关系。图 4-5 为理论细胞生长曲线。

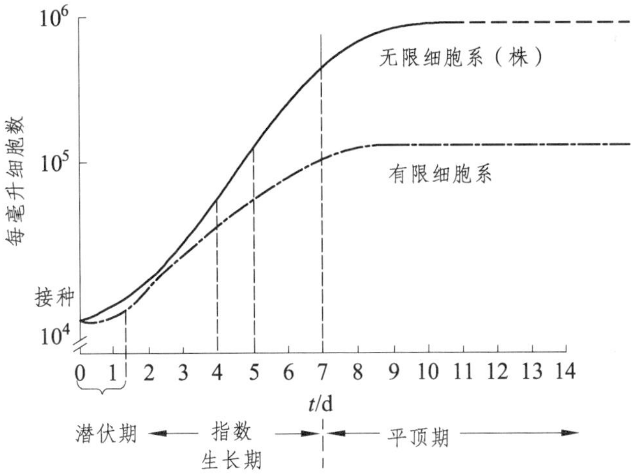


图 4-5　理论细胞生长曲线

## 三、仪器与试剂

### 1. 仪　器

二氧化碳培养箱、倒置显微镜、超净工作台、血球计数板、试管、滴管、废液缸、酶联免疫检测仪。

2. **试　剂**

0.25%胰蛋白酶、培养基（血清）、Hela 细胞、5 mg/mL MTT 溶液（PBS）、DMSO（二甲基亚砜）、PBS（pH 7.4）。

## 四、实验内容

### 1. 细胞计数法

（1）细胞悬液制备：取生长状态良好的 HeLa 细胞，采用一般传代方法进行消化（胰酶消化），再加新鲜培养基制成细胞悬液后计数。

（2）接种：精确地将细胞分别接种于 21~30 个大小一致的培养瓶内或培养孔（以 24 孔培养板为宜），每瓶或孔细胞总数要求一致（$1\times10^4$ /mL），加入培养液的量也要一致。

（3）计数：每天或每隔一天取出 3 孔细胞进行计数，计算均值，以后每隔 24 h 计数一次，连续计数 7 d。每 2 d 换 1 次液。

（4）绘图：根据计数结果，以培养时间为横坐标，细胞数为纵坐标（对数），描绘在半对数坐标纸上，连接成曲线后即为 HeLa 细胞生长曲线。

### 2. MTT 法

（1）细胞悬液制备：取生长状态良好的 HeLa 细胞，采用一般传代方法进行消化（胰酶消化），再加新鲜培养基制成细胞悬液后计数。

（2）接种：稀释细胞浓度至 $1\times10^4$ /mL。吸取 200 μL 的细胞悬液加入 96 孔板中（注意设置空白对照组）。每 2 d 换 1 次液。

（3）呈色：从细胞培养第二天开始，即可每天按照固定时间取出 96 孔板并加入 MTT 溶液 20 μL，37 ℃培养 4 h 后，将孔中上清液小心地吸去，加入 150 μL DMSO，振荡 10 min，使沉淀充分溶解。

（4）测样：在酶联免疫检测仪上设置 490 nm 波长测定吸光值，进行检测并记录结果（取平均值）。每天取出 96 孔板重复操作，并记录结果。

（5）绘图：以时间为横坐标、吸光值为纵坐标绘制细胞生长曲线。

## 五、注意事项

（1）MTT 试剂现配现用，且避光。MTT 具有致癌性，实验过程要遵守实验安全准则，佩戴好手套。

（2）虽然细胞生长曲线是反应细胞活力最为常用的方法，但有时其反映数值不够精确，可有 20%~30%的误差，需结合其他指标进行分析。

（3）现在很多实验室利用培养板采用 MTT 法进行生长曲线测定，较为简便。

（4）标准的细胞生长曲线近似“S”形，一般在传代后第一天细胞数有所减少，再经过几天的潜伏适应期，然后进入对数生长期，达到平台期后生长稳定，最后到达衰老。

（5）在生长曲线上细胞数量增加 1 倍时间称为细胞倍增时间，可以从曲线上换算出。

六、思考题

（1）测定细胞生长曲线还可以用什么方法？

（2）实验测得的细胞生长细线同理论曲线是否有差异？如果有，推测是何原因造成。

# 实验七　显微镜数码照相

## 一、实验目的

（1）了解光学显微镜的基本构造、各部分的作用与成像原理。

（2）掌握光学显微镜的使用技术。

（3）进行光学显微镜操作练习，观察切片标本。

## 二、实验原理

### （一）光学显微镜的基本构造

光学显微镜主要由光学系统和机械装置两部分组成，如图 4-6 所示。

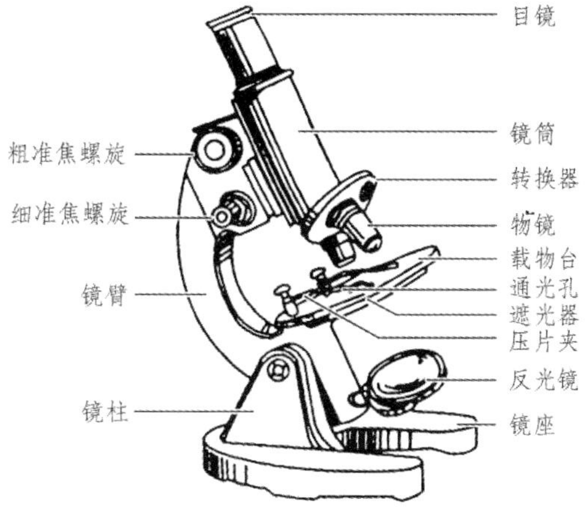


图 4-6　光学显微镜的基本构造

**1. 光学系统**

光学显微镜的光学系统由光源、物镜和目镜三个组件构成。

（1）光源：大部分的光学显微镜光源安装在镜座内，通过开关控制。而老式的显微镜是安装在镜台下面、镜柱前方的一面可转动的反光镜，它有平凹两面。平面镜聚光力弱，适合光线较强时使用。凹面镜聚光力强，适于光线较弱时使用。根据使用条件转动反光镜，可将光源反射到聚光镜上，再经镜台中央圆孔照明标本。

（2）物镜：装在镜筒下端的物镜转换器上的一个透镜组，它可以利用光线使被检物体第一次成像，因此直接关系到显微镜的成像质量和各项光学技术参数。物镜一般分低倍镜、高倍镜和油镜三种。低倍镜镜体较短，放大倍数小；高倍镜镜体较长，放大倍数较大；油镜镜体最长，放大倍数最大。倒置显微镜的物镜安装在载物台下方，镜座上方。

（3）目镜：目镜是安装在镜筒上端，用来观察前方光学系统所成图像的目视光学器件，其上一般刻有放大倍数（如 5×，10×）。它可以将由物镜放大所得的实像再次放大，同时还可以校正物镜造像过程中产生的残余像差。

显微镜对实物的放大倍数为物镜放大倍数和目镜放大倍数的乘积。

**2. 机械装置**

（1）镜座：位于最底部的构造，为整个显微镜的基座，用以支持着整个镜体，起稳固作用。

（2）镜臂：镜臂是支持镜筒和载物台的弓形结构的部分，是取用显微镜时握持的部分。在取放显微镜时，最好一只手持镜臂，另一只手托住镜座，避免不小心摔落显微镜。

（3）镜筒：位于镜臂的前方，它是一个齿状脊板与调节器相接的圆筒状结构，上端装载目镜，下端连接物镜转换器。根据镜筒的数目，光镜可分为单筒式和双筒式。单筒光镜又分为直立式和倾斜式两种，镜筒直立式光镜的目镜与物镜的光轴在同一直线上，而镜筒倾斜式光镜的目镜与物镜的中心线互成 45°角，在镜筒中装有使光线转折 45°的棱镜；双筒式光镜的镜筒均为倾斜式的。

（4）物镜转换器：又称旋转盘，位于镜筒下端的一个可旋转的凹形圆盘上，一般装有 2～4 个放大倍数不同的物镜，旋转它就可以转换物镜。旋转盘边缘有定位槽，当旋至物镜和镜筒成直线时，就发出“咔”的响声，这时方可观察玻片标本。

（5）载物台：也称镜台，是位于镜臂下面的平台，用以承放玻片标本。载物台中央有一通光孔，光线可以通过它由下向上反射。有的光学显微镜上还装有两个装有弹簧的金属片，用于固定玻片标本。也有的光学显微镜的载物台上装有标本推动器调节轮，可使标本向前后、左右方向移动。

（6）调焦螺旋：是通过调节物镜和标本间距离以调节焦距的装置，分为粗准焦螺旋和细准焦螺旋两种。粗准焦螺旋可使镜筒或镜台作较快或较大幅度的升降，能迅速调节好焦距，适于低倍镜观察时调焦。细准焦螺旋可使镜筒或镜台缓慢或较小幅度地升降，适用于在低倍镜下先用粗准焦螺旋找到物体后，在高倍镜和油镜下进行焦距的精细调节，以对物体不同层次、深度的结构做细致的观察。

### （二）光学显微镜的成像原理

光学显微镜的成像原理如图 4-7 所示。

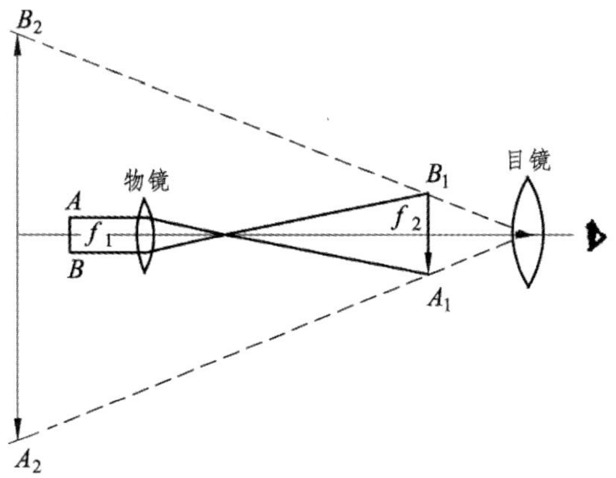


图 4-7 光学显微镜的成像原理

## 三、仪器与试剂

### 1. 仪 器

显微镜。

### 2. 试 剂

人体口腔上皮细胞临时切片、洋葱鳞片叶表皮细胞临时切片。

## 四、实验内容

（1）依次打开光源、光学显微镜电源，再打开计算机软件进行联机操作。

（2）选择合适倍数的物镜（4×），并在计算机软件上设置对应的物镜倍数。

（3）将要观察的切片标本置于载物台上，先调节粗准焦螺旋直至观察到细胞的大致轮廓，再调节细准焦螺旋至图像完全清晰。

（4）转动标本推动器调节轮，使其移动到视野中心。

（5）在软件内调整曝光时间，并点击“照相”。

（6）在得到的图像中添加标尺，导出图片。

（7）观察结束后，取出切片标本，转动粗准焦螺旋使载物台下降，转动物镜转换器，使物镜离开聚光孔。关闭光源、显微镜，并用拭镜纸擦拭镜头，盖上镜头盖及防尘罩。

## 五、注意事项

（1）大多数微生物、细胞标本颜色较浅，观察中注意光线强弱的调节，要适当关小光圈使视野变暗。

（2）观察新制标本时，必须加盖玻片，以防止标本蒸发污染腐蚀物镜，同时可使标本表面均匀平整，光线得以集中，利于观察。

# 实验八　倒置荧光显微镜观察动物贴壁细胞

## 一、实验目的

（1）了解并掌握倒置荧光显微镜的基本构造及成像原理。

（2）学会辨认动物细胞的形态特征。

## 二、实验原理

### （一）倒置荧光显微镜的基本构造及成像原理

倒置荧光显微镜主要由机械装置、照明部分、光学系统组成，如图 4-8 所示。荧光显微镜是以紫外线为光源，用以照射被检物体，使之发出荧光，然后在显微镜下观察物体的形状及其所在位置。倒置荧光显微镜是近代发展起来的新式荧光显微镜，由荧光附件与倒置显微镜有机结合构成，主要用于细胞等活体组织的荧光、相差观察。倒置显微镜由于其结构特点，物镜和聚光镜的工作距离很长，能直接对容器中的被检物体进行显微观察和研究。用于研究单分子级别样本的微观结构及动力学特征。

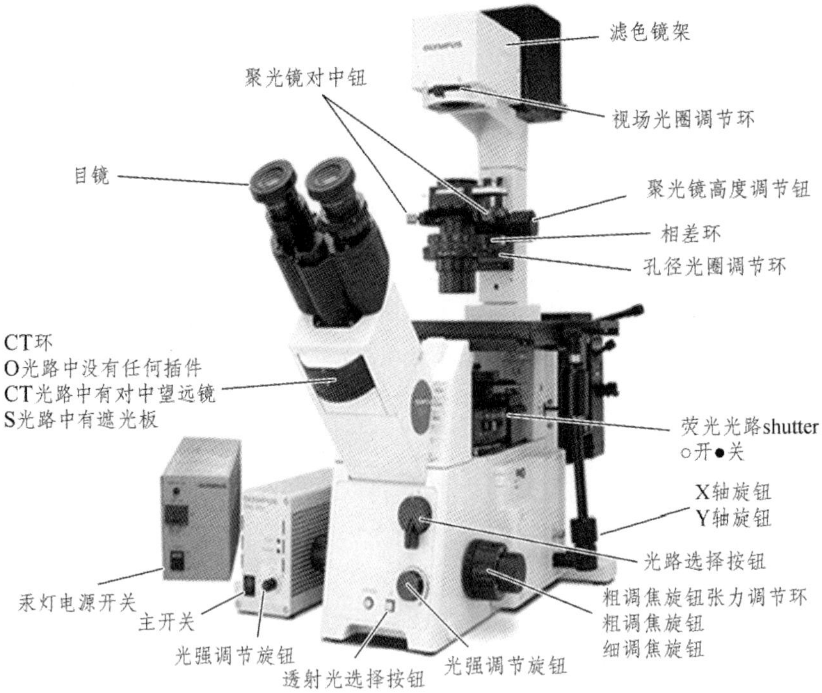


图 4-8　倒置荧光显微镜的基本构造

**1. 汞灯电源**

110 V（60 Hz）或 230 V（50 Hz）。

2. 汞灯灯室

提供灯源。利用汞放电时产生汞蒸气获得可见光的电光源。它结构简单，成本低，维修费用低，具有光效长、寿命长、省电经济的特点。

3. 激发滤色片组

（1）紫外光（UV）：激发光谱区域：330~400 nm；可见荧光起始光谱：425 nm。

（2）紫光（V）：激发光谱区域：395~415 nm；可见荧光起始光谱：455 nm。

（3）蓝光（B）：激发光谱区域：420~485 nm；可见荧光起始光谱：515 nm。

（4）绿光（G）：激发光谱区域：460~550 nm；可见荧光起始光谱：590 nm。

4. 物镜转换器

衔接在镜筒上。一般常见的光学显微镜有 4 个物镜：4 倍、10 倍、40 倍、100 倍。在观察物品时，当需要放大或缩小时，就利用物镜转换器转换到更大或更小倍数的物镜。

5. 载物台

又称镜台，为方形或圆形的凹槽，用于放载玻片，中心有一个通光孔。并且装有标本推动器，在将标本固定后，能向前后左右推动。有的推动器上还有刻度，能确定标本的位置，便于找到变换的视野。同时，还可通过调节纵向调节轮和横向调节轮，从而观察不同区域的样品。

6. 目镜及 CT 环

目镜用于直接观察所测试样品的形态，而 CT 环则可以更改画面显示所在之处，分为三种情况：画面直接显示于目镜下；中断观察画面；测试画面直接显示在所连接的计算机屏幕上。根据实验所需，调节 CT 环。

7. 镜座和镜柱

镜座位于显微镜底部，支持整个镜体。镜柱是侧面支撑显微镜。在取放显微镜时，最好一只手持镜臂，另一只手托住镜座，避免不小心摔落显微镜。

8. 调焦装置

调焦装置是调节物镜和标本间距离的机件，有粗准焦螺旋（即粗调节器）和细准焦螺旋（即细调节器）。利用它们使镜筒或镜台上下移动，当物体在物镜和目镜焦点上时，则得到清晰的图像。

9. 照明系统

（1）透射照明光源，12 V 30 W 卤素灯（亮度可调）。

（2）落射荧光光源，100 W 超高压直流汞灯。

（二）贴壁细胞

在动物细胞培养过程中，必须有可以贴附的支持物表面，其依靠自身分泌或培养基中的贴附因子才能在该表面生长增殖的离体动物的培养细胞。

## 三、仪器与试剂

### 1. 仪　器

倒置荧光显微镜、载玻片、移液枪、盖玻片。

### 2. 试　剂

动物贴壁细胞（Hela 细胞）、75%乙醇。

## 四、实验内容

### 1. 制　样

将贴壁细胞按照浓度梯度稀释，以便达到更好观察效果。分别将稀释后的细胞液用微量移液枪滴加至载玻片，盖上盖玻片，且压片时尽量排出气泡，达到有效观察效果。

### 2. 测　样

首先打开电源，打开倒置荧光显微镜及汞灯电源开关，接着打开计算机，开启软件，将画面调至计算机，分别将不同浓度动物细胞（如小鼠乳腺癌细胞 4T1）的切片标本置于载物台上，先在低倍物镜（4×）下调节粗准焦螺旋直至观察到样品大致轮廓，再调节细准焦螺旋至图像完全清晰。若随后，可以转至高倍物镜，调节焦距，从而观察标本不同区域如细胞核、线粒体、细胞膜等动物细胞的形态和结构差异。选择其中观察效果最好一组，对动物细胞进行大致结构的简单绘制。

## 五、注意事项

实验前记得消毒，防止污染样品。

## 六、思考题

如何正确使用倒置荧光显微镜快速找到目标观察区？

# 实验九　新鲜实体组织样本的制备（酶消化法）

## 一、实验目的

（1）了解制备新鲜实体组织样本的基本要求。

（2）掌握制备新鲜实体组织样本的过程及原理。

## 二、实验原理

一般细胞培养为悬浮培养及贴壁培养，由于细胞的增殖可能会形成大小不等的细胞团块或连接成片。而一般流式细胞术的试验检测对象是单细胞悬液，若细胞黏结成一块或细胞碎片过多都会影响实验结果。所以，制备出合格的单细胞悬液是必需的。

在实体组织分散为单细胞的过程中，解离的方法有可能瞬间或持久地影响细胞的性质，比如，形态上显而易见的细胞膜破损，细胞表面上可出现泡状特征，还有一些是难以观察到的线粒体活性的变化、选择性膜表面抗原的丢失、蛋白质的丢失等，细胞受损程度受温度、pH、处理时间等多种因素的影响。需要根据不同实体组织成分的特点，选择不同的分散细胞的方法，以期达到单细胞产量高、细胞损伤小的目的。

新鲜实体组织样本的制备（图 4-9）的基本原则有以下几点：① 保证各种液体和悬浮细胞样品新鲜，尽快完成样品的制备和检测；② 针对不同的细胞样品进行适当洗涤、酶消化或者 EDTA 处理，以清除杂质，使黏附的细胞彼此分离而形成单细胞状态；③ 对于新鲜实体组织可以选择联用酶消化法、机械法和化学分散法来获得单细胞悬液。

酶消化法是一种将实体组织分散为单个细胞的理想方法。由于不同的酶对细胞内或细胞间不同组分有着特异消化作用，所以应根据所用组织类型确定使用酶的种类。常用的酶类有胃蛋白酶、胰蛋白酶、溶菌酶等。由于 EDTA 可以与组织中的 $Ca^{2+}$和 $Mg^{2+}$结合，而 $Ca^{2+}$和 $Mg^{2+}$有维持细胞表面完整性及维持细胞间质结构的作用，因此，将酶及 EDTA 联合使用可以充分消化实体组织，提高细胞产出效率。使用酶消化法制备新鲜实体组织样本主要可通过三个方面来实现：① 破坏组织间的胶原纤维、弹性纤维等；② 水解组织间的黏多糖等物质；③ 水解组织细胞间的紧密连接的蛋白质物质。需要注意使用条件和影响因素（酶浓度、作用时间、pH 等），如胃蛋白酶在碱性条件下会失活，胰蛋白酶在中性溶液中则会活性下降。

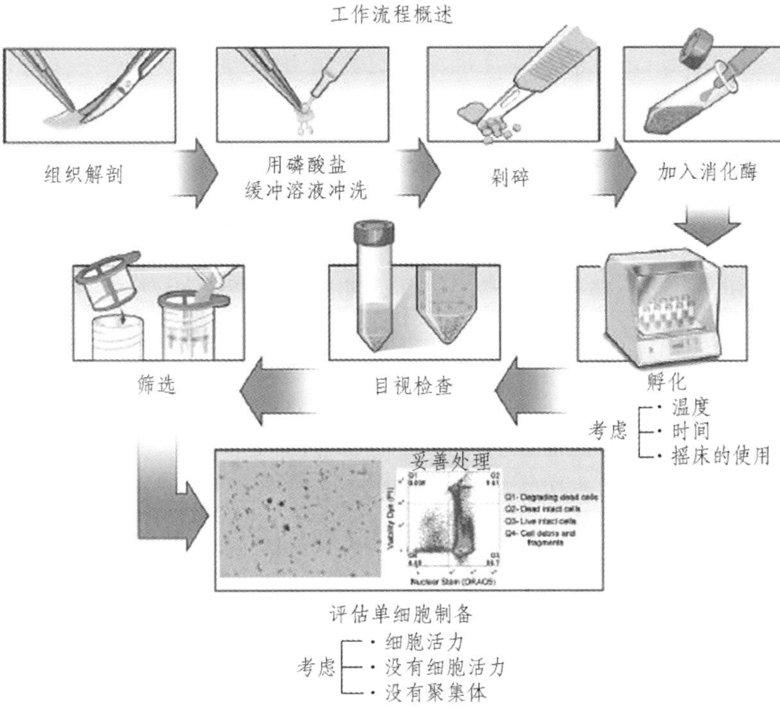


图 4-9　新鲜实体组织样本的制备（酶消化法）基本原理

## 三、仪器与试剂

**1. 仪　器**

试管、移液器、300 目孔径尼龙网、低速离心机、显微镜。

**2. 试　剂**

鸡胸肉组织、胰蛋白酶、PBS 缓冲液。

## 四、实验内容

（1）将鸡胸肉组织剪成 1~2 $mm^3$ 的小块，放入干净的试管中。

（2）加入 2 mL 的胰蛋白酶溶液。（胰蛋白酶的工作浓度为 0.1%~0.5%）

（3）在 37 ℃或室温下消化处理约 30 min，消化期间要间断振荡或吹打。

（4）消化过程完毕后，将细胞悬液通过 300 目孔径尼龙网滤过，以去除未充分消化的组织。

（5）将已过滤的细胞悬液经 800 r/min 低速离心 5 min 后，弃上清液，以除去细胞碎片。

（6）加入适量 PBS，轻轻吹打形成细胞悬液，细胞计数后即可使用。

## 五、注意事项

（1）在消化过程中，如发现组织块已分散而失去形状，振荡后即可成为絮状悬液，取出少量液体在显微镜下观察，若观察到分散的单个细胞和多个细胞团，则可认为组织已被充分消化。

（2）为了保证酶效价，酶需要溶解于适当的酶液中。

（3）需要注意酶的使用浓度和消化时间。

（4）要注意酶活性的 pH，胃蛋白酶在碱性环境中会失去活性，而胰蛋白酶在中性溶剂中活性不佳。

（5）要随时注意影响酶活性的其他因素，如酶的生产批号等。

## 六、思考题

分析酶消化法、机械法和化学分散法各自有何优缺点。

# 实验十　冻存细胞的复苏

## 一、实验目的

（1）掌握将冻存细胞复苏的基本原理与方法。

（2）了解细胞培养的基本过程。

## 二、实验原理

细胞冷冻与复苏是细胞培养的常规工作，可以解决细胞因为连续继代造成的退变或转化。细胞冻存及复苏的基本原则是“慢冻快融”，实验证明这样可以最大限度地保存细胞活力。

复苏细胞应采用快速融化的方法，将冻存于-196 ℃液氮中的细胞快速升温至37 ℃，这样可以保证冻存细胞外结晶在很短的时间内融化，避免由于冰晶缓慢融化使水分渗入细胞内形成胞内再结晶对细胞造成损伤（图 4-10）。

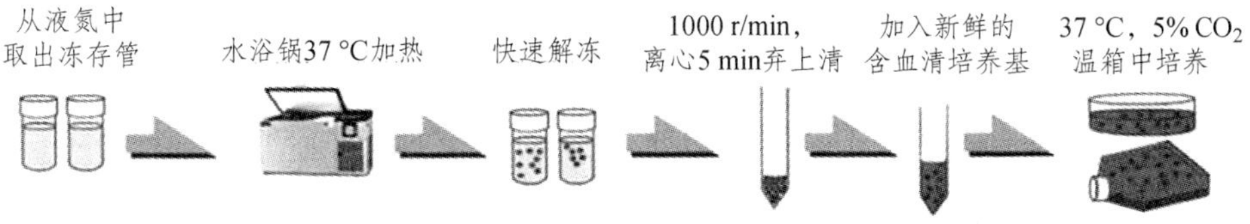


图 4-10　细胞复苏操作示意图

## 三、仪器与试剂

### 1. 仪　器

倒置显微镜、$CO_2$ 培养箱、超净工作台、水浴锅、低速离心机、离心管、培养瓶、移液器、酒精灯、酒精棉球。

### 2. 试　剂

人宫颈癌细胞、细胞培养基、75%酒精。

## 四、实验内容

（1）实验前准备工作：将水浴锅预热至 37 ℃。打开超净台，放入主要器具并打开紫外灯提前灭菌 30 min。使用 75%酒精擦拭超净台工作台面。

（2）从液氮罐中取出冻存管，立即浸入 37 ℃水浴锅中，并不时摇动使其尽快融化。

（3）向离心管中加入完全培养基（体积约为冻存细胞液的 2 倍）。从水浴中取出冻存管，吸出细胞悬液并加入上述离心管中，吹打混匀。

（4）1000 r/min 低速离心 5 min 后，弃去上清液。

（5）向离心管中加入 4 mL 完全培养基，吹打均匀制成细胞悬液。

（6）吸取一滴细胞液，在倒置显微镜下观察细胞密度。若细胞密度过大，则加完全培养基稀释。

（7）调整至合适的细胞密度后，将细胞密度合适的细胞悬液装入培养瓶内，放入37 ℃ $CO_2$ 培养箱内培养。

## 五、注意事项

（1）应在 1~2 min 内使冻存液完全融化。如果复温速度太慢，则会造成细胞损伤。

另外，细胞复苏后的操作好在 4 ℃冰浴中进行，以减少冷冻保护剂对细胞的毒性。

（2）细胞复苏过程中，升温的速率要大，把从液氮或-70 ℃水箱中取出的细胞在短时间内放入水浴锅。

（3）细胞放入水浴中注意用镊子夹住细胞冻存管并在水浴中不时晃动，使其受热均匀，并防止水浴时水进入细胞冻存管污染细胞。打开细胞冻存管之前要用酒精棉球将冻存管消毒并晾干。

（4）液氮操作有一定的危险性，打开液氮罐取出细胞时，戴上防护眼镜。

（5）严格按照无菌操作要求进行操作，所有器具需在灭菌后再拿入超净台中进行实验操作。

（6）操作过程中要注意更换实验器具，如移液器的吸头，避免细胞、培养液间的交叉感染。

### 六、思考题

解冻后的细胞液在离心前为什么一定要加入完全培养基?

## 实验十一　动物细胞培养、传代及冻存

### 一、实验目的

（1）熟练掌握动物细胞培养、传代及冻存的基本原理和方法。

（2）观察细胞在增殖过程中细胞形态的变化。

（3）了解细胞生长周期各阶段的基本情况。

### 二、实验原理

细胞培养是指在体外模拟体内环境（无菌、适宜温度、pH 和一定营养条件等），使之生存、生长、增殖并维持主要结构和功能的实验技术。动物细胞的培养过程中需要三种重要的特殊条件，即血清、支持物、气体交换。动物细胞离体培养过程中，血清可以提供细胞生长必需因子，如激素、微量元素、矿物质和脂肪。血清相当于是动物细胞离体培养的天然营养液。由于大多数动物细胞有贴壁生长的习惯，离体培养中常使用玻璃，塑料等作为支持物。二氧化碳和氧气的比例要在细胞培养过程中不断进行调节，不断维持所需要的气体条件。因此，细胞培养操作需要在洁净度较高的环境中进行，将适量细胞加至培养基中，然后置于无菌的二氧化碳培养箱中，进而贴壁、增殖。

然而，当细胞增殖到一定程度，细胞间将汇合接触而停止生长，此现象为细胞的接触抑制。在此阶段，细胞需要进行传代培养，否则，细胞将会进入凋亡状态。细胞

传代培养是指利用胰蛋白酶将培养细胞间或细胞与培养器皿间蛋白质水解，将其按照一定比例进行稀释后，重新接种到另外的培养器皿内，再进行培养的过程。汇合程度约 80%时细胞是较理想的传代阶段。

细胞冻存是将细胞放在低温环境，减少细胞代谢，以便长期储存的一种技术（图 4-11）。在不加任何条件下直接冻存细胞时，细胞内和外环境中的水都会形成冰晶，能导致细胞内发生机械损伤、电解质升高、渗透压改变、脱水、pH 改变、蛋白质变性等，甚至引起细胞死亡。如向培养液加入保护剂，可使冰点降低。在缓慢的冻结条件下，能使细胞内水分在冻结前透出细胞。储存在-130 ℃以下的低温中能减少冰晶的形成。细胞复苏时速度要快，使之迅速通过细胞最易受损的-5 ~ 0 ℃，细胞仍能生长，活力受损不大。目前常用的保护剂为二甲亚砜（DMSO）和甘油，它们对细胞无毒性，分子量小，溶解度大，易穿透细胞。

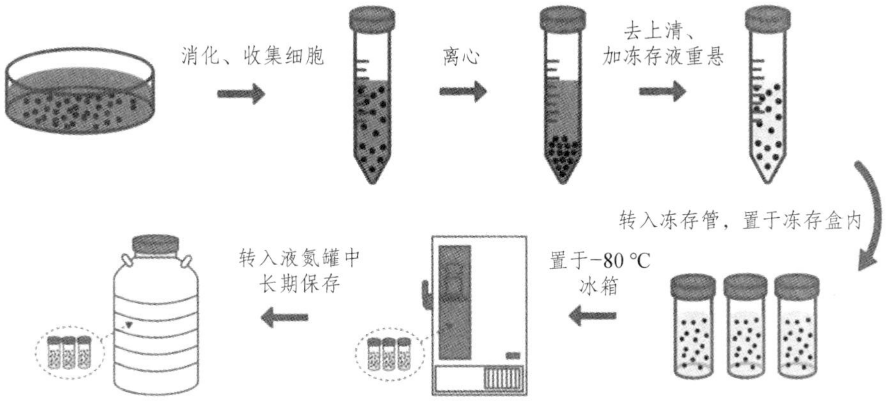


图 4-11　细胞冻存操作示意图

## 三、仪器与试剂

### 1. 仪　器

二氧化碳培养箱、倒置显微镜、超净工作台、高压灭菌锅、水浴锅、低速离心机、离心管、移液器、酒精灯、酒精棉球、打火机、冻存管、-80 ℃冰箱、液氮罐。

### 2. 试　剂

人宫颈癌细胞（HeLa 细胞）、细胞培养基、胎牛血清、青链霉素、0.25%胰蛋白酶、PBS 缓冲液、冻存液。

## 四、实验内容

### 1. 动物细胞的培养及传代

（1）选取生长状态良好的 HeLa 细胞，在倒置显微镜下观察，待其培养至汇合程度达到约 80%时，在超净台中弃去培养液；随后沿管壁加入适量灭菌 PBS，轻轻晃动洗涤细胞，弃去缓冲液，重复 3 次，最后一次洗涤需要完全除去缓冲液。

（2）向培养器皿中加入适量胰蛋白酶溶液，轻轻晃动器皿，使消化液完全覆盖细胞，放入培养箱中消化 1~3 min。

（3）消化完成后快速加入 3 倍于消化液体积的培养基溶液，混合均匀。

（4）弃去上清液，加入适量新鲜培养液制备单细胞悬液。放入二氧化碳培养箱中继续培养。

（5）培养过程中每 24 h 观察细胞的生长情况。

**2. 动物细胞的冻存**

（1）配制程序冻存液，放在室温备用或放在 4 ℃预冷。

（2）离心收集对数生长期的细胞（贴壁细胞消化下来离心，悬浮细胞直接离心，转速 1200 r/min 或 250*g*，时间 3 min）。

（3）用配制好的冻存液重悬细胞，按照 1~1.5 mL/管分装到冻存管中，拧紧管盖，做好标记。

（4）冻存管放入冻存盒，冻存盒放入−80 ℃冰箱过夜（24 h）。

（5）冻存管从冻存盒取出，转移至液氮长期保存。

## 五、注意事项

（1）实验进行前，无菌室及无菌操作台以紫外灯照射 30~60 min 灭菌，以 70% 乙醇擦拭无菌操作台面，并开启无菌操作台风扇运转 10 min 后，才开始实验操作。

（2）每次操作只处理一株细胞株，且即使培养基相同亦不共享培养基，以避免失误混淆或细胞间污染。

（3）工作人员应注意自身安全，须穿戴实验衣及手套后才进行实验。

（4）细胞冻存开始时，要准备好相应的培养基和相应的试剂，以及计数耗材，避免操作过程中手忙脚乱。

（5）用移液管吹打相应的细胞液时，要保证移液管在液面以下吹打，管内要有液体，防止产生相应的气泡，气泡的张力会影响细胞的活率和生存状态。

（6）计数细胞时要保证取细胞液时也要混匀，这个过程比较重要，细胞不混匀，计数不准，此外吹打应该轻柔，避免细胞在吹打的过程中出现了相应的死亡。

（7）做好冻存记录：实验过程中准确保存冻存细胞的记录是至关重要的。细胞生长史、名称、传代次数、冻存日期、复苏次数、生长培养液和在冻存器中的位置都是应记录的项目。

## 六、思考题

（1）解冻后的细胞液在离心前为什么一定要加入完全培养基？

（2）细胞复苏及冻存的过程中，需要注意哪些事项？

# 实验十二　肿瘤细胞原代培养实验

## 一、实验目的

（1）掌握肿瘤细胞原代培养的方法。

（2）熟悉肿瘤细胞原代培养的特点。

## 二、实验原理

原代培养是指从供体取得组织后在体外进行的第一次细胞培养。肿瘤细胞的原代培养与正常细胞的培养条件是基本相似的，但是因为原代培养的肿瘤细胞脱离供体时间不长，仍然会保留较大的药物敏感性以及相关的分子遗传机制等。因此，肿瘤细胞的原代培养有着细胞成活率低、实验条件较高及易被杂细胞、细菌污染等难点。

肿瘤细胞的原代培养过程中，需要加入原代细胞培养所需的细胞生长因子，或者供体血清以利于细胞生长。组织块培养方法是较常用、操作简便且成功率比较高的一种肿瘤细胞原代培养方法。在组织块培养方法中，首先将切除的新鲜肿瘤组织标本上的脂肪、纤维等肉眼可见的多余组织剪去，然后将其剪成极小的组织块，置于培养皿中恒温培养，一段时间后，肿瘤细胞便会从组织中游出，贴壁生长（图 4-12）。

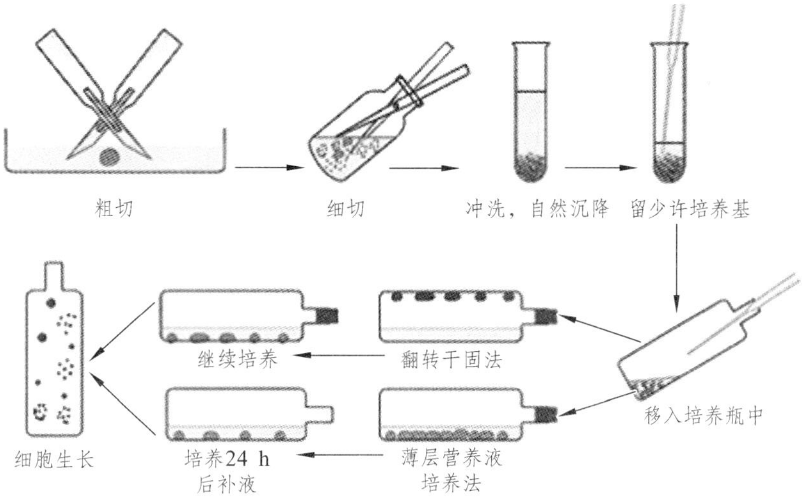


图 4-12　细胞原代培养示意图

## 三、仪器与试剂

### 1. 仪　器

显微镜、二氧化碳培养箱、眼科剪刀、细胞培养皿。

2. 试　剂

Hanks 液。

## 四、实验内容

（1）去除新鲜肿瘤组织上的脂肪、纤维、坏死部分和结缔组织。

（2）在培养皿中用 Hanks 液将肿瘤冲洗干净后，用眼科剪将肿瘤组织剪碎。

（3）将碎组织置于培养皿中，放入 37 ℃的 $CO_2$ 培养箱中培养。

（4）每隔 24 h 换培养液，约 7 d 后可在显微镜下观察到单层的上皮细胞。

## 五、注意事项

（1）严格进行动物皮肤消毒，使用三套器械取材。新生动物皮肤先用 2%碘酒液消毒，成年鼠先用 3%~5%碘酒液消毒后用 75%酒精消毒。

（2）严格进行无菌操作，防止细菌、霉菌、支原体污染，避免化学物质污染。自取材开始，保持所有组织细胞处于无菌条件。细胞计数可在有菌环境中进行。

（3）吸取液体前，瓶口和吸管进行火焰消毒；吸取液体时，避免瓶口和吸管碰撞。

（4）离心管入台前，管口、管壁应消毒。

（5）使用过的器械用酒精棉球擦去血污后，移入另一个器皿中继续消毒，在浸泡器械时剪刀口要分开放，镊子弯头要向下放，并加盖消毒。

（6）凡在超净台外操作的步骤，各器皿需用盖子或橡皮塞盖住口部，以防止细菌落入。

## 六、思考题

肿瘤细胞的原代培养和普通细胞的培养有何区别？

# 实验十三　MTT（四唑盐）法对细胞生长状况的检测实验

## 一、实验目的

（1）掌握 MTT 法细胞毒性评价的基本原理。

（2）了解其他检测细胞生长情况的评价方法。

## 二、实验原理

MTT 比色法是一种检测细胞存活和生长状况的检测方法。活细胞线粒体中的琥珀酸脱氢酶能够使 MTT 还原为不溶于水的蓝紫色结晶甲臜（Formazan）并沉积在细胞中，而这种蓝紫色的结晶只能溶于一些特定的溶剂（如二甲基亚砜）。在加入二甲基亚砜将蓝紫色结晶溶解后，用酶标检测仪在 490 nm 波长处测定其光吸收值，可间接反映活细胞数量。在一定细胞数范围内，MTT 结晶形成的量与细胞数成正比。该方法已广泛用于一些生物活性因子的活性检测、大规模的抗肿瘤药物筛选、细胞毒性试验以及肿瘤放射敏感性测定等。它的特点是灵敏度高、经济。

## 三、仪器与试剂

**1. 仪　器**

96 孔培养板、低速离心机、二氧化碳培养箱、摇床、显微镜、酶标仪。

**2. 试　剂**

人脐静脉内皮细胞（HUVEC）、细胞培养液、胰蛋白酶消化液、MTT 溶液。

## 四、实验内容

（1）用含血清的细胞培养液将 HUVEC 细胞培养至对数生长期，用胰蛋白酶消化液将其消化为细胞悬液。向 96 孔培养板中每孔加入 100 μL 细胞悬液。

（2）在 37 ℃二氧化碳培养箱中培养，在倒置显微镜下观察，培养至细胞单层铺满孔底。

（3）向每孔中加入浓度梯度的 Fe-POM 药物溶液，每孔约 10 μL，每组约 5 个孔。

（4）在 37 ℃二氧化碳培养箱中培养约 24 h 后，先弃去培养液及药物溶液，用 PBS 缓冲液小心冲洗 3 次。

（5）向每孔中加入 10 μL MTT 染色液，继续培养 4 h。

（6）向每孔中加入 100 μL 甲臜溶解液，置于摇床上低速振荡 10 min，使蓝紫色结晶物充分溶解。

（7）将 96 孔培养板置于酶标仪中测定 570 nm 处吸光度。同时设置对照孔。

## 五、注意事项

（1）在配制和保存的过程中，容器最好用铝纸包住。

（2）配成的 MTT 需要无菌，MTT 对细菌很敏感。MTT 一般最好现用现配，过滤后 4 ℃避光保存，两周内可用。

（3）MTT 有致癌性，用的时候小心，有条件最好戴透明的薄膜手套。

## 六、思考题

实验孔、对照孔和空白孔中各添加了什么试剂？

# 实验十四　基于 MTT（四唑盐）比色法的细胞毒性实验

## 一、实验目的

（1）掌握 MTT 比色法的基本原理及优缺点。

（2）学会使用 MTT 比色法对体外培养的细胞毒性评估。

（3）了解 MTT 法对细胞增殖及细胞活性测定的操作步骤及注意事项。

## 二、实验原理

MTT，即 3-(4,5-二甲基噻唑-2)-2,5-二苯基四氮唑溴盐（结构如下），是一种黄色粉末状化学试剂，全称为 3-(4,5)-dimethylthiahiazo(-z-y1)-3,5-di-phenytetrazoliumromide，近年来常用于评估纳米材料的生物安全性，如纳米药物（其他处理方式如 X 射线照射，808 nm 激光照射）对体外培养的细胞毒性试验以及肿瘤放射敏感性、细胞毒性、细胞增殖及细胞活性测定。基于 MTT 的细胞毒性实验原理是活细胞线粒体中的琥珀酸脱氢酶能将外源性 3-(4,5-二甲基噻唑-2)-2,5-二苯基四氮唑溴盐还原为蓝紫色不溶于水的结晶甲臜（结构如下）并沉积于细胞内；相反，在死细胞中没有该效果。使用 DMSO（二甲基亚砜）溶解细胞中的甲臜，用紫外分光光度计测定在 490 nm 或者 570 nm 波长下的吸光度，溶液颜色深浅与所含的甲臜量成正比。在一定的细胞数量范围内，MTT 晶体形成量与细胞数量成正比。根据测得的吸光度值（OD 值）判断活细胞数，OD 值越大，细胞活性越强（如果是测药物毒性，说明药物毒性越小）。在用酶标仪检测结果的时候，为了保证实验结果的线性，MTT 吸光度最好在 0~0.7 内。该方法已广泛用于生物活性因子的活性检测、抗肿瘤药物筛选、细胞毒性试验和肿瘤放射敏感性测定等。MTT 比色法具有灵敏度高、经济、快捷等优点。

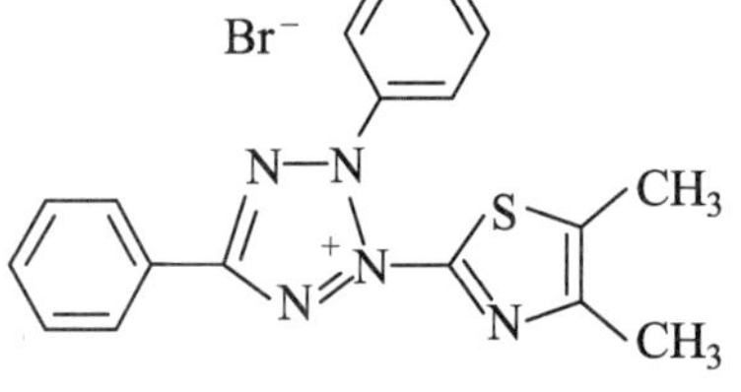


MTT

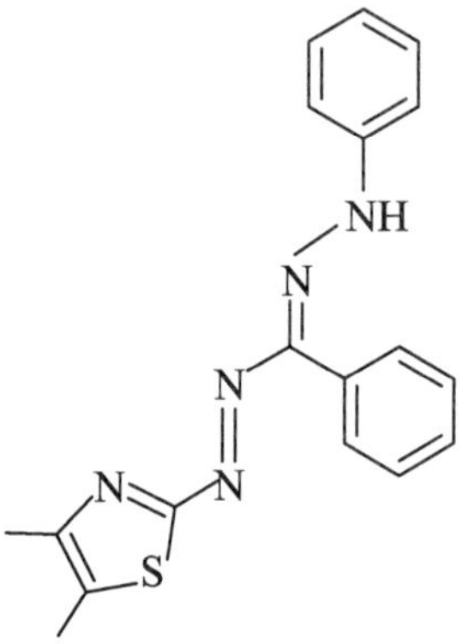


甲臜

## 三、仪器与试剂

**1. 仪　器**

96 孔培养板、生物安全柜、低速离心机、二氧化碳培养箱、荧光倒置显微镜、酶标仪、加样器、血球计数板、板架等。

**2. 试　剂**

4T1 细胞样品、MTT 溶液、PBS、DMSO、胰蛋白酶、甘氨酸缓冲液、胎牛血清。

## 四、实验内容

**1. 接种细胞**

将处于对数生长期的 4T1（小鼠乳腺癌细胞）用适当浓度为 0.25%的胰蛋白酶溶液进行消化（当细胞收缩变圆时，相互之间不再连接成片，立即停止消化），消化好后加入 2~3 倍胰酶体积的含 10%胎牛血清的 DMEM 完全培养基终止消化，移液枪吹打至细胞悬浮，1000 r/min 离心，弃上清，加入适量 DMEM 完全培养基重悬沉淀，制成单细胞悬液。后用血球计数板进行细胞计数，调整其浓度至 $5\times10^4$ /mL。

**2. 铺板培养**

将细胞悬液制备好后，轻轻混匀，植入 96 孔板。按每个实验分组设一列（6 个复孔），每孔加入 100 μL 细胞悬液，即植入的细胞量为 5000/孔。（具体每孔植入的细胞数量可设细胞梯度行预实验），使用 PBS 封边，避免因实验时间较长，边缘的实验孔培养体系蒸发，置二氧化碳恒温培养箱中培养 24 h，使细胞贴壁，备用。

**3. 配药物浓度**

用 DMEM 完全培养基对纳米药物进行梯度稀释，从而获得不同浓度梯度的溶液，将药物进行 2 倍系列稀释，共制备 5 个浓度。选择浓度时应采用预实验使得最高浓度下多数细胞被杀死，如配制 10 μg/mL、25 μg/mL、50 μg/mL、100 μg/mL、200 μg/mL。弃去 96 孔板中的培养基，向培养孔中加入 200 μL 含不同浓度纳米药物的培养基，用 175 μg/mL DMSO 处理细胞 24 h、48 h、72 h 和 96 h，用 0.1% DMSO 处理细胞为阴性对照。置二氧化碳恒温培养箱中培养 24 h。

**4. MTT 反应**

96 孔板中每孔加入 10~20 μL MTT 溶液（5 mg/mL，即 0.5% MTT），继续培养 4~6 h（时间低于 4 h 则反应不完全，超过 6 h 则甲臜开始逐渐于孔底脱离）。注意：如果药物与 MTT 会发生反应，可先离心后弃去培养液，小心用 PBS 冲洗 2~3 次后，再加入含 MTT 的培养液。最后，将生成的甲臜溶解在 150 μL DMSO 中，摇床中低速振荡 10 min 使结晶充分溶解（摇床不宜过快或过慢，过慢结晶不能很好溶解，过快则液体易振荡出孔）。并通过酶标仪测量 570 nm 处的吸光度来评估细胞存活率。通过与培养基孵育细胞进行阴性对照，将实验组的标准化吸光度用于表达细胞存活率。计算公式：

$$细胞活力（\%）= 实验组细胞\ OD_{570\ nm}/阴性对照组\ OD_{570\ nm}\times100\%。$$

## 五、思考题

（1）MTT 如何配制和储存，和 CCK8 法对比有哪些优缺点？

（2）细胞悬液在植入 96 孔板的过程中，如果出现细胞消化不均一，细胞成团的现象，该怎么办？

（3）如何确定接种好的细胞培养板放入培养箱中已培养至合适细胞密度？

# 实验十五　用血细胞计数板进行细胞计数实验

## 一、实验目的

（1）了解血细胞计数板的构造和使用方法。

（2）掌握使用血细胞计数板对细胞进行计数。

（3）熟悉其他细胞计数方法。

## 二、实验原理

细胞计数是许多细胞实验中的一个重要步骤，用来确定细胞的数量和存活率。通常情况下，计数是为了知道如何稀释未知细胞浓度的样品来进行下一步实验。实验室中最常用的细胞计数工具是细胞计数板，细胞计数板最初是为了计数血细胞设计的，是由一块比普通载玻片厚的特制玻片制成的。在细胞计数板的中央有两个细胞计数池，上面有激光灼刻形成的网格（图 4-13）。细胞计数板的槽与槽之间构成了 3 个区域。中间的区域较宽，其中一个由短横槽分隔成两半，每一半在靠近横槽的一侧刻有方格。网格上刻有 9 个大方块，其中中间只有一个大方块是细胞计数的计数池。计数池通常分为两种规格：一种是大方格内分为 25 个中方格[图 4-13（d）]，每个方格分为 16 个小方格；另一种是在大方格内分为 16 个中方格，每个中方格分为 25 个小方格。无论计数池是什么样的结构，它们都有一个共同的特点，即每一大方格都是由 16×25 = 400 个小方格组成[图 4-13（d）]。该计数法的优点是直观、快速、方便。当待测细胞悬液中细胞均匀分布时，通过一定体积悬液中的细胞的数目，即可换算出每毫升细胞悬液中的细胞数目。

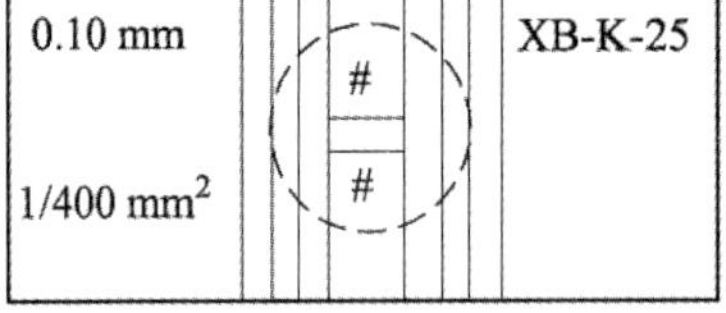


（a）俯视图

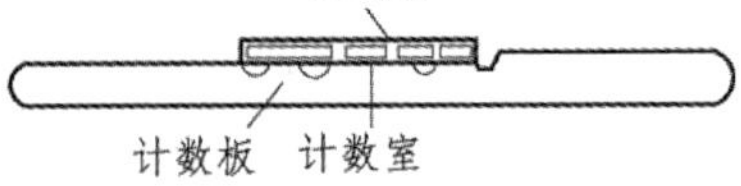


（b）侧视图

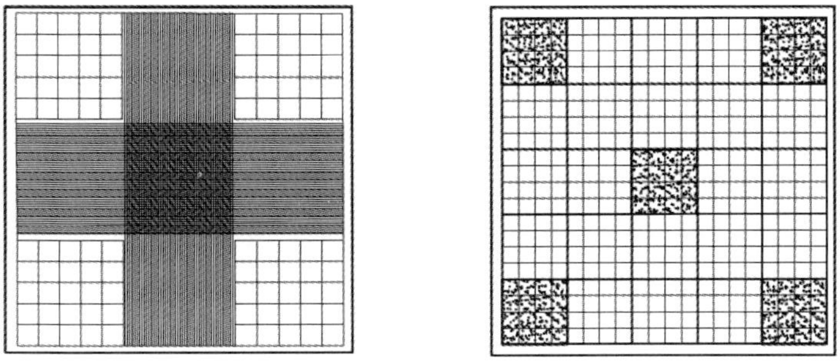

（c）放大后的网格　　　　（d）放大后的计数室

图 4-13　血细胞计数板的构造

## 三、仪器与试剂

### 1. 仪　器

移液枪、血细胞计数板、显微镜、板架。

### 2. 试　剂

4T1 细胞样品、0.25%胰蛋白酶、DPBS、完全培养基、台盼蓝。

## 四、实验内容

### 1. 制备 4T1 细胞悬液

将 4T1（小鼠乳腺癌细胞）用 DPBS 液洗涤、0.25%的胰蛋白酶消化后，加入完全培养基，轻轻吹打混匀，中和胰酶的作用并重悬细胞，以得到均质的细胞悬液。要求尽可能将细胞吹散，不要残留任何细胞团，但不可用力过大，最终制成待测细胞悬液（悬浮细胞则不需要消化，稀释到合适倍数即可）。将细胞悬液和 0.4%台盼蓝等体积混合，室温孵育 3~5 min，轻轻吹打混匀，使台盼蓝完全进入死细胞，使死细胞着蓝色。

### 2. 细胞计数板清洗

使用 70%乙醇将盖玻片和细胞计数板清洁、晾干。对计数板的计数室进行镜检看是否清洁干净，将晾干的盖玻片轻轻覆盖至血细胞计数器上。

### 3. 充　池

使用吸管或移液器将细胞悬液或细胞-台盼蓝混合液滴加到计数池的边缘。此时液滴利用毛细作用使之充满计数板和盖玻片的空隙下的计数池。

### 4. 计　数

在 100 倍显微镜下，移动计数板将视野对准计数板的中央大方块，该方块四周有 3 条平行线包围，中间有密集的网格，而且是能看到的以 3 条平行线为界的最大范围，即图 4-14 中间颜色较深区域。按图 4-14 计算计数板的 1、2、3、4 大方格内的细胞数，计数时，只计数完整的细胞，若细胞聚成一团没有分散，则按一个细胞进行计数。在一个大方格中，如果有细胞位于线上，一般计上线细胞不计下线细胞，计左线细胞不计右线细胞。两次重复计数误差不应超过±5%。在显微镜下观察没有被染色者为活细胞，蓝色为死细胞。

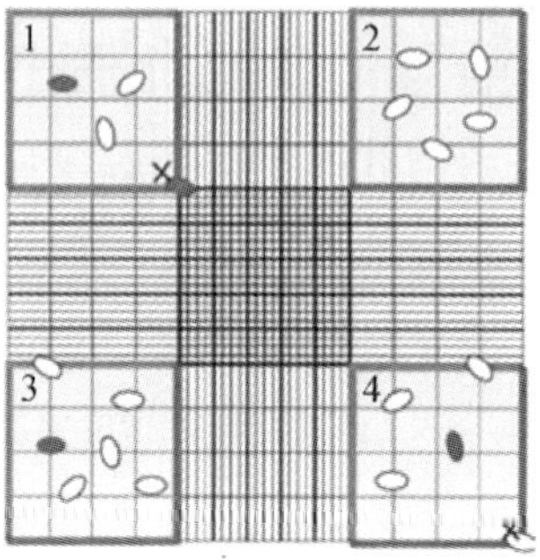


图 4-14　血细胞计数板计数图解

计数后，每毫升的细胞数需要通过换算得到。由于计数板中每个方格的面积为 0.01 $cm^2$，其高度为 0.01 cm，则体积为 0.0001 $cm^3$，即 0.1 $mm^3$ = $1\times10^4$ mL，因此每个方格中的细胞数$\times10^4$ =细胞数/mL。活细胞数的计算公式为：

每毫升样品中活细胞的个数 = 每个大方格中细胞的平均数×活细胞比率×细胞稀释倍数$\times2\times10^4$

如果在计数前已经稀释，则乘以稀释因子。计数细胞后，计算细胞浓度，并可测定活细胞与死亡细胞的比值。

## 五、注意事项

（1）进行计数前，应先将试管摇匀，以减少计数误差。

（2）显微镜计数时，对于压在小方格界线上的酵母菌，应取相邻两边及顶角计数。

（3）血细胞计数板使用后，切勿用硬物洗刷，可采用浸泡和冲洗的方法清洗。

## 六、思考题

（1）如何清洗干净血细胞计数板，是否残留细胞、杂质或其他沉淀物？

（2）血细胞计数板在操作中有哪些误差，如何避免？

（3）你知道其他细胞计数方法吗？

# 实验十六　荧光探针（DPH 探针）标记法

## 一、实验目的

（1）了解 DPH 的使用范围，作用原理。

（2）学会使用 DPH 标记法测试膜脂流动性。

（3）了解其他荧光探针标记法的原理及作用。

## 二、实验原理

膜的流动性是生物膜结构的基本特征之一，主要指膜脂肪酸链部分及膜蛋白的运动状态。膜脂类分子在相变温度以上条件下主要有侧向扩散、旋转、左右摇摆、伸缩振荡、翻转及异化运动等方式。1,6-Diphenyl-1,3,5-hexatriene（结构如下），简称 DPH，是一种膜脂质探针，可作为尼罗红的一种替代试剂，通过对 DPH 与完整膜脂结合后的荧光光谱，可用于膜脂的荧光检测。DPH 进入动物细胞膜脂烃链区后，介质黏度增加，顺反异构受到抑制，成为唯一能发光的全反构型，利用该性质可研究膜结构和膜的流动性。同时，DPH 可作为一种荧光物质探针，评价适用于药物输送系统（DDS）脂质类纳米颗粒的性能。研究 DPH 标记法测试膜脂流动性，对设计制备出更优越的脂质类纳米颗粒有较大的作用。

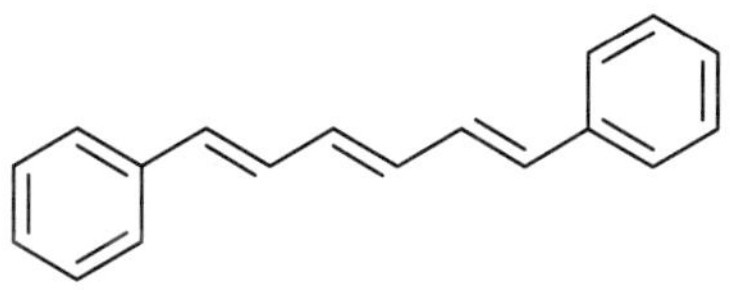

## 三、仪器与试剂

### 1. 仪　器

移液枪、荧光分光光度计、离心机。

### 2. 试　剂

C127 细胞样品、磷酸盐缓冲液、DPH。

## 四、实验内容

### 1. 制备 C127 细胞悬液

将对数生长期的 C127（小鼠乳腺肿瘤细胞），用磷酸盐缓冲液洗涤 2~3 次，用 0.9% 氯化钠溶液悬浮。

### 2. 加 DPH 溶液

取 $10^7$ 个 C127（小鼠乳腺肿瘤细胞），1000 r/min 离心 10 min，加入 2 mL 荧光探针 DPH 溶液。25 °C 振荡下孵育 30 min，PBS 溶液洗涤 1 次，1000 r/min 离心 10 min，将下层沉淀悬浮在 4 mL PBS 溶液中。

### 3. 荧光分光光度计测定

测定仪器为荧光分光光度计，在激发波长 362 nm，发射波长 432 nm，测定荧光强度。采用荧光分光光度计测定，氙灯为光源，荧光激发波长设定为 362 nm，发射波长 432 nm，狭缝 10 条件下测定，平行荧光偏振光强度和垂直荧光偏振光强度 $I_{\parallel}$、$I_{\perp}$，同时计算荧光偏振度（$P$）、微黏度（$\eta$）及流动性（LFU），可探讨对红细胞膜流动性和封闭性的影响。

计算公式：

$$P=(I_{/\!/}-I_{\perp})/(I_{/\!/}+I_{\perp})$$

$$\eta=2P/\left(0.46-P\right)$$

$$\text{LFU}=(0.5-P)/P2$$

## 五、思考题

（1）DPH 可以进入细胞内部，合成其阳性离子衍生物 1-(4-三甲胺苯基)-6-苯基-1,3,5-己三烯（TMDPH），TMDPH 和 DPH 有什么区别？

（2）你还知道哪些常用荧光探针？

（3）使用 DPH 标记法测试膜脂流动性的原理是什么？对制备纳米药物有哪些帮助？

# 实验十七　溶血反应实验

## 一、实验目的

（1）了解溶血反应发生的原因。

（2）学会使用纳米药物对红细胞进行溶血试验。

（3）掌握溶血反应实验原理及在生物相容性的作用。

## 二、实验原理

细胞膜是细胞与环境交换物质的选择性通透性屏障。它是一种半透膜，选择性地控制物质进出细胞的运动。各种物质进出细胞的方式不同，水是生物界最常见的溶剂，水分子可以按照物质浓度梯度从低渗透压侧向高渗透压侧扩散，这种现象就是渗透。渗透是细胞膜的主要功能之一。将红细胞置于低渗盐溶液中，大量水分子渗入细胞内，可使细胞胀破爆裂，血红蛋白逸出，红细胞溶解，由不透明的红细胞转变为红色透明的血红蛋白溶液，这种现象称为溶血。将红细胞放在某些等渗盐溶液中，由于红细胞膜对各种溶质的通透性不同，膜两侧的渗透压平衡会发生改变，也会发生溶血现象。在体外，如低渗溶液、机械性强力振荡、突然低温冷冻（−20 ~ −25 ℃）或突然化冻、过酸或过碱，以及酒精、乙醚、皂碱、胆碱盐等均可引起溶血。因此，发生溶血现象所需时间长短可作为测量物质进入红细胞速度的一种指标。

在进行体内抗肿瘤治疗之前，普遍会对小鼠红细胞进行溶血试验，以评估不同纳米药物的生物相容性，是否适合静脉内给药（图 4-15）。根据红细胞破裂释放出来的血红素在可见光波长段具有最大吸收的原理，采用分光光度法可测定出纳米药物的溶血程度。

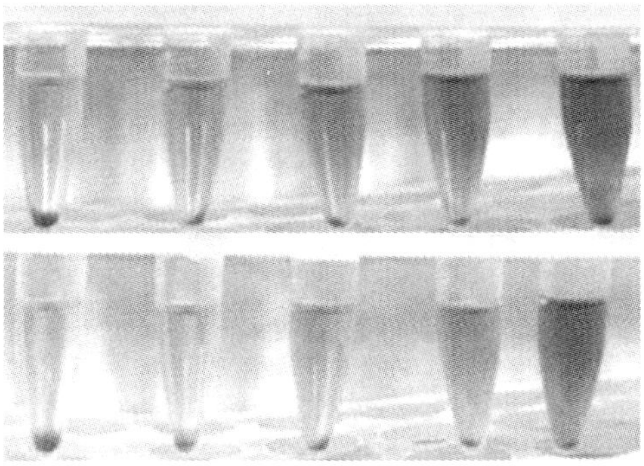

图 4-15　纳米药物溶血反应实验

## 三、仪器与试剂

**1. 仪　器**

移液枪、牛角管、离心机、恒温水浴锅。

**2. 试　剂**

昆明小鼠的红细胞（RBC）样品、磷酸盐缓冲液。

## 四、实验内容

准备 10 mL 昆明小鼠红细胞（RBC）溶液用于溶血反应实验，肝素抗凝，加入 10 mL 0.9%生理盐水稀释。首先，将 200 μL 稀释的 RBC（磷酸盐缓冲液浓度的 10 倍）均匀分散到 1.0 mL 磷酸盐缓冲液 PBS 中，该组作为阴性对照，另外一组则采用实验超纯水和不同浓度纳米药物（10 μg/mL、25 μg/mL、50 μg/mL、100 μg/mL、200 μg/mL）作为阳性对照。置于 37 ℃下孵育 2 h，15 000 r/min 离心 5 min，最后收集上清液样品。为了评价溶血效率，采用紫外分光光度计测定上清液在 570 nm 处的吸光度。计算溶血率：

$$\text{溶血率}(\%) = (OD_{Sample}-OD_{PBS})/(OD_{H_2O}-OD_{PBS})\times 100\%$$

其中 $OD_{Sample}$，$OD_{PBS}$ 和 $OD_{H_2O}$ 分别指纳米药物组，阴性对照组、阳性对照组的吸光度值。若测试出较低的溶血活性（溶血率低于 5%），说明溶血可以忽略不计，表明所设计的纳米药物结构具有较好的生物相容性，可用于小鼠尾静脉注射给药。

## 五、思考题

（1）取小鼠新鲜血液时，有哪些方法可以避免发生溶血反应？

（2）如何获取小鼠血细胞呢？

（3）溶血反应实验的原理是什么，对设计制备纳米药物有哪些帮助？

# 实验十八　肿瘤坏死因子（TNF-α）对耐药肿瘤细胞凋亡的诱导作用

## 一、实验目的

（1）熟悉肿瘤耐药性的分类及产生的原因。

（2）掌握建立耐药肿瘤模型。

（3）了解肿瘤坏死因子的诱导作用机制。

## 二、实验原理

肿瘤耐药性可分为先天性耐药（Natural Resistance）和获得性耐药（Acquired Resistance），前者表现为肿瘤细胞对抗癌药物产生耐药性且不敏感，后者是由于抗癌药物诱导或其他因素激活，肿瘤细胞产生耐药性。肿瘤坏死因子（Tumor Necrosis Factor）（图 4-16）是一种由巨噬细胞和单核细胞产生的参与正常炎症反应和免疫反应的促炎细胞因子，主要作用是通过诱使产生 IL-1（白细胞间介素-1）和 IL-6（白细胞间介素-6）调节免疫细胞，促使发热，引起细胞凋亡，进而阻止肿瘤发生和病毒复制，其具有调节耐药基因（MDR mRNA）的表达、减少 P-糖蛋白（P-glycoprotein，P-gp）的合成、抑制 P-gp 的功能。它不仅能活化肿瘤血管导致组织出血坏死，还能诱导耐药肿瘤细胞凋亡。近来研究表明，肿瘤坏死因子超家族成员与 29 个受体特异性识别，共同构成配体-受体作用系统（图 4-17）。TNF 受体（TNFR）主要是跨膜蛋白，参与一些生理过程，如宿主防御、炎症、细胞凋亡、自身免疫、神经系统的发育和器官发生等。

本试验以小鼠腹水型肝癌细胞亚系（Hca/16 A<，3>-F）为细胞株，采用依托泊苷（Vp-16）建立小鼠皮下种植瘤耐药模型。对小鼠给药重组人肿瘤坏死因子 α 衍生物，通过实验观察促凋亡基因和抑凋亡基因蛋白表达情况，研究肿瘤坏死因子 TNF-α 对皮下种植瘤耐药模型的诱导作用。

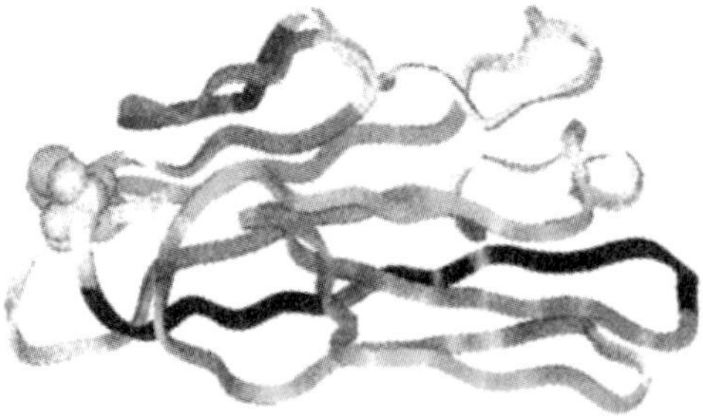

图 4-16　肿瘤坏死因子三明治结构

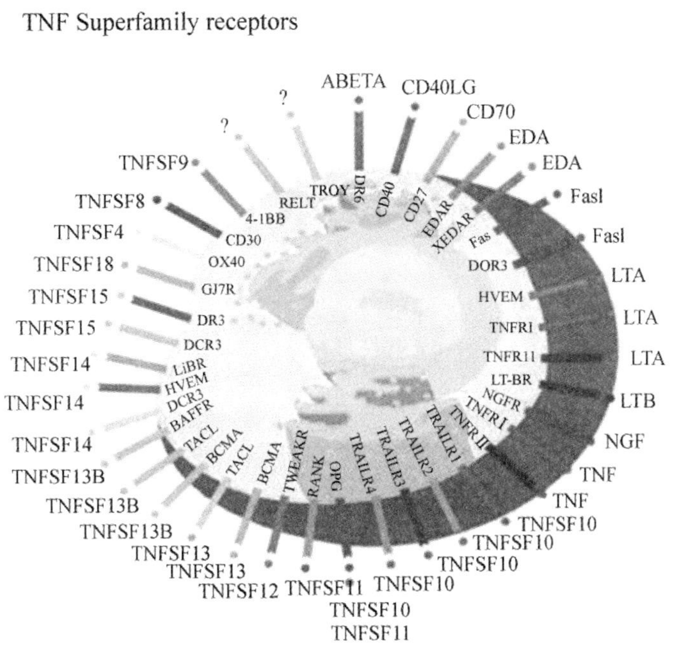


图 4-17　肿瘤坏死因子超家族成员

## 三、仪器与试剂

### 1. 仪　器

移液枪、注射器、二氧化碳培养箱、针头、透射电镜、钢尺。

### 2. 试　剂

依托泊苷（Vp-16）、TNF-α、无水乙醇、甲醛、石蜡、HE 染色试剂等。

## 四、实验内容

### 1. 建立皮下种植瘤模型

将液氮罐冻存的 Hca/16A<, 3>-F 腹水型肝癌细胞复苏，慢慢吸去上清液，加入适量完全培养基重悬细胞团，置二氧化碳恒温培养箱中培养 24 h 后稀释至合适浓度。采用右侧腋下皮下注射接种建立昆明小鼠皮下种植瘤模型，培养小鼠至肿瘤长为 7～9 mm。

### 2. 分组实验

将带有皮下种植瘤的昆明小鼠随机分为以下 4 组：对照组、Vp-16 给药组、TNF-α 给药组、Vp-16 + TNF-α 联合治疗组，给药均为瘤内注射，每组分为 6 只，雌雄各半。在治疗过程中，每隔 1 d 记录一次小鼠体重以及肿瘤大小体积，持续记录 2 周。在第 14 d，将所有老鼠进行安乐死，剥离肿瘤并称量拍照，计算抑瘤率、统计学差异。

### 3. 形态组织学分析

取新鲜瘤组织，制备 H&E 染色切片，对不同治疗组的肿瘤切片进行分析，同时制备透射电镜标本，观察促凋亡基因和抑凋亡基因蛋白表达情况，分析原因。

## 五、思考题

（1）抑瘤率该怎么计算？

（2）如何制备 HE 染色和免疫组织染色标本？

（3）分析实验结果，可以得出什么结论？

# 实验十九　流式细胞仪检测细胞凋亡实验

## 一、实验目的

（1）了解流式细胞仪的构造、工作原理及用途。

（2）明确细胞凋亡的定义，学会操作流式细胞仪检测细胞凋亡，分析流式细胞仪数据。

（3）探索流式细胞仪其他实验。

## 二、实验原理

细胞凋亡（Cell Apoptosis）是指为维持内环境稳定，由基因控制的细胞自主、有序的死亡。它涉及一系列基因的激活、表达以及调控，是细胞为更好地适应环境而主动争取的一种死亡过程。而细胞坏死则是由外界因素导致的细胞急速死亡。常用流式细胞仪检测细胞凋亡，可用于鉴定细胞凋亡形态，计数凋亡细胞，特异的定性分析和定量分析。该方法可以快速、准确地区分活细胞、凋亡细胞和坏死细胞。

其中，Annexin V 和 PI 双染法，是流式细胞仪检测细胞凋亡的经典方法，它是基于凋亡的早期细胞膜组分磷脂酰丝氨酸（Phosphatidylserine，PS）从细胞膜的内侧翻转到细胞膜的表面这一原理来实现的（图 4-18）。PS 在正常情况下位于细胞膜内侧，当细胞坏死或凋亡时，则迁移至细胞膜外侧。Annexin V 是一种钙依赖性的磷脂结合蛋白，它与 PS 具有高度的结合力。荧光素 FITC 标记的 Annexin V 可以作为探针检测暴露在细胞膜外侧的磷脂酰丝氨酸，指示坏死或凋亡的细胞。Annexin V-FITC 结合到细胞后，在蓝色光的激发下，发出绿色荧光。碘化丙啶（Propidium Iodide，PI）是一种核酸染料，它不能穿透完整细胞膜，但对凋亡晚期细胞和死细胞的破损细胞膜能够穿透，并使细胞核红染，而细胞膜保持完好的早期凋亡细胞则不会有红色荧光产生。

联合应用 Annexin V-FITC 和 PI 对培养体系中的细胞进行染色，Annexin V(−)/PI(−)代表健康活细胞，Annexin V(+)/PI(−)代表早期凋亡细胞，Annexin V(+)/PI(+)代表晚期凋亡细胞和坏死细胞，后两者之和即为受损细胞总量（表 4-2）。

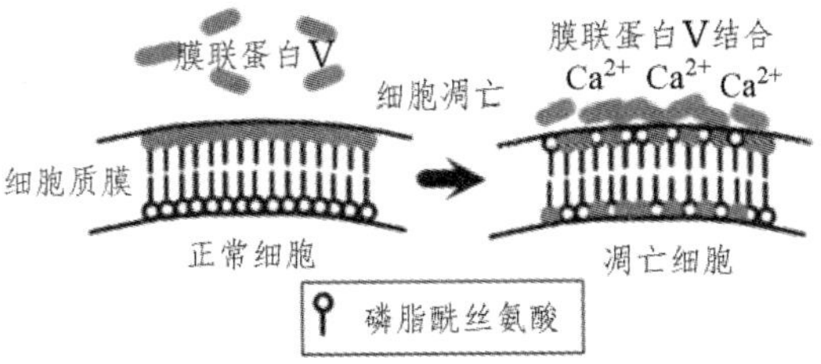


图 4-18　凋亡时 PS 从细胞膜的内侧外翻

表 4-2　双染法判定细胞

| Annexin V(−)/PI(−) | Annexin V(+)/PI(−) | Annexin V(+)/PI(+) |
|---|---|---|
| 健康活细胞 | 早期凋亡细胞 | 晚期凋亡细胞和坏死细胞 |

## 三、仪器与试剂

### 1. 仪　器

移液枪、二氧化碳培养箱、流式细胞仪、微量移液器吸头，400 目筛网、离心管（10 mL）。

### 2. 试　剂

HeLa 细胞、0.02% EDTA、PBS（pH 7.2）、PI 染液、Annexin V、碘化丙啶、无水乙醇。

## 四、实验内容

（1）培养细胞，诱导凋亡。用台盼蓝染色计数活细胞数，细胞存活率应在 95%以上。

（2）收集悬浮细胞。贴壁细胞先用滴管轻轻吹打，收集已脱落的细胞至离心管。加入适量的胰酶消化未脱壁细胞并收集至上述离心管。1000 r/min 离心 5 min，弃上清液。

（3）使用 PBS 洗细胞 2 次。

（4）400 目的筛网过滤 1 次。

（5）1×结合缓冲液悬浮细胞，并调整细胞数至 $1\times10^5$~$1\times10^6$/mL。

（6）取 100 μL 细胞悬液，加入 5 mL 玻璃管中。

（7）加入 5 μL 膜联蛋白 V-FITC 和 10 μL PI[对照 1：省略步骤（4）；对照 2：只加膜联蛋白 V-FITC；对照 3：只加 Pl]。

（8）轻轻混匀，室温下避光孵育 15 min。

（9）加入 400 μL 1×结合缓冲液，用流式细胞仪进行分析。

## 五、注意事项

（1）在红色荧光对蓝色荧光散点图上，还可见到细胞凋亡区向细胞坏死区迁移的轨迹，可能是凋亡细胞的 DNA 进一步降解的缘故。

（2）用 Hoechst 33342 染料与细胞孵育的时间不宜过长，一般控制在 20 min 之内为宜。如果太长可引起 Hoechst 33342 的发射光谱由蓝光向红光迁移，导致红色荧光与蓝色荧光的比例改变，从而影响结果的判断。

## 六、思考题

（1）流式细胞仪检测细胞凋亡实验原理是什么？

（2）如何分析流式细胞仪数据图？

（3）实验中有哪些注意事项？

# 实验二十　AO 染色法（吖啶橙染色法）检测细胞凋亡实验

## 一、实验目的

（1）掌握 AO 染色法（吖啶橙染色法）的原理。

（2）熟悉 AO 染色法检测细胞凋亡实验流程。

（3）区分细胞凋亡、坏死。

## 二、实验原理

吖啶橙（Acridine Orange，AO），化学名 3,6-(二甲氨基)吖啶盐酸盐（结构如下），属于三环杂芳香燃料，可以标记 DNA、RNA，属于异染性荧光染料。该染料具有膜通透性，能透过细胞膜，使 DNA 和 RNA 染色。AO 与核酸结合方式主要有以下两种：①插入性结合，AO 嵌入核酸双链的碱基对之间，这种结合方式主要为 AO 与 DNA 的结合，其荧光发射峰为 530 nm，激发后呈绿色荧光；②静电吸引，带正电荷的 AO 与单链核酸的磷酸根（带负电荷）产生静电间的吸引结合，这种结合方式主要为 AO 与 RNA 的结合，其荧光发射峰为 640 nm，激发后呈红色荧光，少量结合会呈橘黄色或橙红色荧光。因此，吖啶橙嵌合到双链 DNA 分子中显绿色，与 DNA 单链或 RNA 结合时发橘黄色或橙红色荧光。

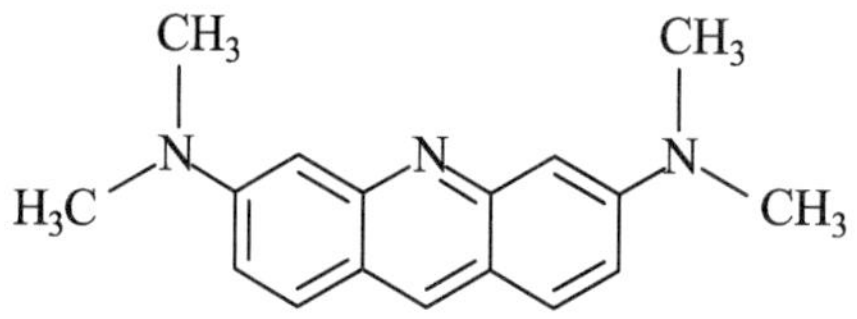


AO 染色法（吖啶橙染色法），常用于细胞凋亡的检测。染色后在荧光显微镜下观察，吖啶橙能透过完整的细胞膜，嵌入细胞核 DNA，使之发出明亮的绿色荧光。活细胞核呈黄绿色荧光，胞质呈红色荧光。而在凋亡细胞中，因染色质固缩或断裂为大小

不等的片段，凋亡细胞核染色质呈黄绿色浓聚在核膜内侧，可见细胞膜呈泡状膨出及凋亡小体。吖啶橙使其染上致密浓染的黄绿色荧光或黄绿色碎片颗粒；而坏死细胞黄荧光减弱甚至消失。吖啶橙染色常与 EB 染色合用双染，EB 只染死细胞使之产生橘黄色荧光，由此可区分出正常细胞、凋亡细胞及坏死细胞。

## 三、仪器与试剂

**1. 仪　器**

荧光显微镜、低速离心机、细胞计数板、载玻片、盖玻片。

**2. 试　剂**

细胞样本、AO 染料、PBS（pH 4.8 ~ 6.0）等。

## 四、实验内容

制备活细胞悬液 $10^6$ /mL；取 95 μL 细胞悬液，加 5 μL 的 AO 染液混合，避光作用 10 min；加入 5 mL PBS，1500 r/min 离心 5 min，弃上清，重复洗涤 2 次；重悬细胞，吸 1 滴滴于玻片上并用盖玻片封片；在荧光显微镜下，选用 515 nm 激发光镜检，AO 染色细胞 DNA 呈黄色或黄绿色。当细胞凋亡时，染色呈致密浓染的黄绿色荧光或见黄绿色碎片。

## 五、思考题

（1）AO 染色法（吖啶橙染色法）的实验原理是什么？

（2）如何区分细胞凋亡、坏死？

（3）AO 染色法怎么运用于石蜡切片、冰冻切片及细胞涂片的染色？

# 第五章

# 微生物交叉实验

## 实验　微生物学实验常用器皿及使用方法

### 一、实验目的

（1）掌握微生物学实验室常用器皿的名称、用途及使用方法。

（2）掌握微生物学实验中常用器皿的清洗与包装方法。

### 二、实验原理

微生物学实验常用的器皿包括玻璃培养皿、玻璃试管、三角烧瓶、接种工具（接种针、接种环、玻璃涂布器等）移液管和移液器等。其中，玻璃器皿大多需要进行高温、高压灭菌处理才能用于微生物的培养，因此对其质量、洗涤和包装方法均有一定要求。一般情况下，玻璃器皿要求硬质玻璃，才能承受高温和短暂烧灼而不致破损；器皿的游离碱含量要少，否则会影响培养基的酸碱度；玻璃器皿的形状和包装方法，以能最大限度地防止污染杂菌为准；洗涤方法不恰当也会影响实验结果。

### 三、仪器与试剂

**1. 仪　器**

试管、培养皿、玻璃吸管、盖玻片、接种工具、滴瓶、三角烧瓶、载玻片、报纸等。

### 四、实验内容

（一）常用玻璃器皿的种类

微生物学实验室所用玻璃试管，其管壁必须比化学实验室用的厚，这样在塞棉花塞时，管口才不会破损。试管的形状要求没有翻口，不然，微生物容易从棉塞与管口的缝隙间进入试管而造成污染。此外，现在有不用棉塞而用铝制或塑料制的试管帽，若用翻口试管也不便于盖试管帽。有的实验要求尽量减低蒸发试管内的水分，则需使用螺口试管，盖螺口胶木或塑料帽。

1. **试　管**

可根据大小及用途的不同，准备下列三种型号（图 5-1）：

（1）小试管，(10~12) mm×100 mm，一般用于糖发酵试验或血清学试验，和其他需节省材料的试验。

（2）中试管，(13~15) mm×(100~150) mm，盛液体培养基或做琼脂斜面用，也可用于病毒等的稀释和血清学试验。

（3）大试管，约 18 mm×180 mm，可盛培养皿用的培养基；也可用于制备琼脂斜面用（需要大量菌体时用）。

2. **德汉氏试管**

观察细菌在糖发酵培养基内产气情况时，一般在小试管内再套一倒置的小套管（约 6 mm×36 mm），此小套管即为德汉氏试管，又称发酵小套管（图 5-2）。

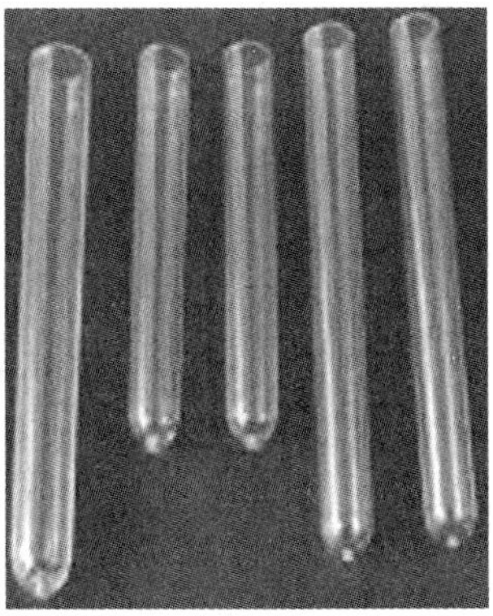

图 5-1　微生物实验室常用玻璃试管

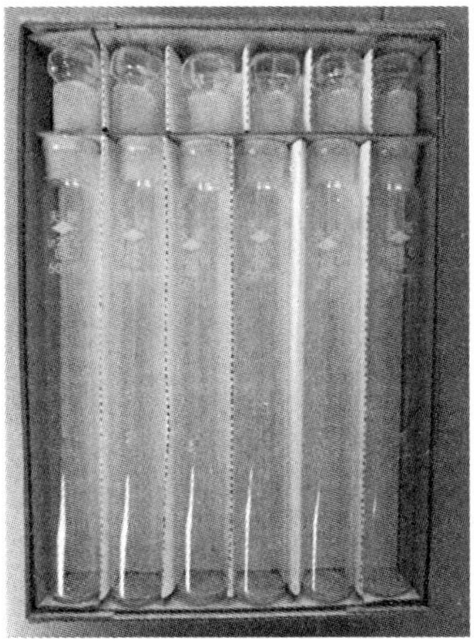

图 5-2　德汉氏试管

3. **吸管（移液管）**

（1）玻璃吸管：微生物学实验室一般要准备 1 mL、5 mL、10 mL 的刻度玻璃吸管。与化学实验室所用的不同，其刻度指示的容量包括管尖液体体积，使用时要注意将所吸液体吹尽，故有时称为“吹出”吸管。另外，实验室中对于一次性塑料滴管使用更为广泛。同样，对于更精确吸取液体，常使用移液枪（图 5-3）。

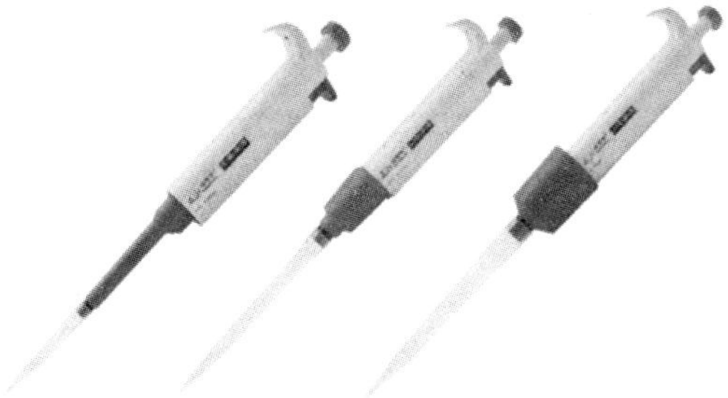

图 5-3　不同规格移液枪

（2）活塞吸管（移液管）：主要用来吸取微量液体，故又称微量吸液器或微量加样器。其外形和结构如图 5-4，除塑料外壳外，主要部件有按钮、弹簧、活塞和可装卸的吸嘴。按动按钮，通过弹簧使活塞上下活动，从而吸进和放出液体。其特点是容量固定，使用时不用观察刻度，操作方便、迅速。国内产品一般每个活塞吸管固定一种容量，分别有 5、10、20、25、50、100、200、500、1000 μL 等不同容量。而精制的活塞吸管每个在一定的范围内可调节几个容积，例如在 5~25 μL 内，可调节 5、10、15、20、25 μL 五种不同的量，使用时按需要调节，但当调节固定后，每吸一次，容量仍是固定的。用毕只需调换吸嘴或将吸嘴洗净，消毒后再行使用。

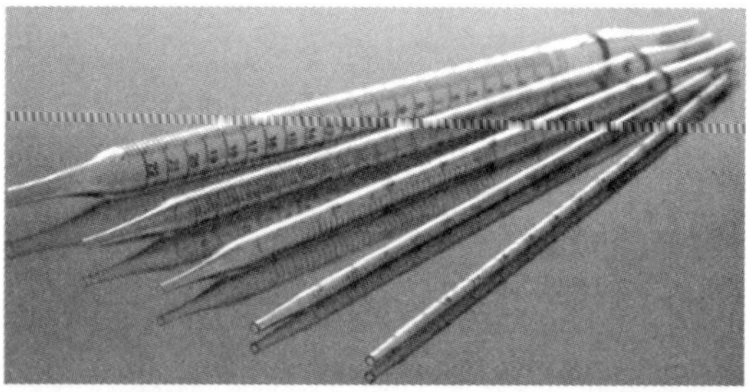

图 5-4　不同规格移液管

4. **培养皿**

实验室常用的培养皿有玻璃培养皿和塑料培养皿（图 5-5），均有不同规格，其中常用皿底直径 90 mm，高 15 mm。培养皿一般均为玻璃皿盖，但有特殊需要时，可使用陶器皿盖，因其能吸收水分，使培养基表面干燥。例如，测定抗生素生物效价时，培养皿不能倒置培养，则用陶器皿盖为好。

在培养皿内倒入适量固体培养基制成平板，用于分离、微生物计数、纯化、鉴定菌种以及测定抗生素、噬菌体的效价等。

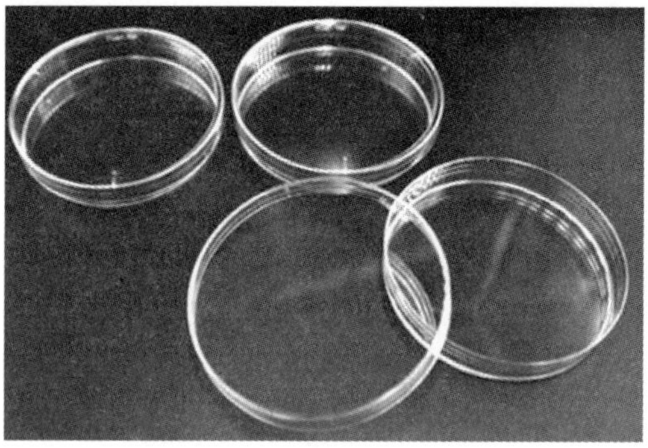

图 5-5　不同规格培养皿

5. **载玻片与盖玻片**

普通载玻片大小为 75 mm×25 mm，用于微生物涂片、染色，作形态观察等。盖玻片为 18 mm×18 mm。

6. **滴　瓶**

用来装各种染料、生理盐水等溶液（图 5-6）。

图 5-6　滴　瓶

7. **双层瓶**

由内外两个玻璃瓶组成，内层小锥形瓶盛放香柏油，供油镜头观察微生物时使用，外层瓶盛放二甲苯，用以擦净油镜头。

8. **三角烧瓶与烧杯**

常用的烧杯有 50、100、250、500、1000 mL 等规格，用来配制培养基与药品。三角烧瓶有 100、250、500、1000 mL 等不同的规格，常用来盛无菌水、培养基和摇瓶发酵等。

9. **接种工具**

接种工具有接种环、接种钩、接种针、玻璃涂布器、接种铲等。制造环、钩、针、铲的金属可用铂或镍，原则是软硬适度，能经受火焰反复烧灼，又易冷却。接种细菌和酵母菌用接种环和接种针，其铂丝或镍丝的直径以 0.5 mm、环的内径约 2 mm 为适当，环面应平整。用涂布法在琼脂平板上分离单个菌落时需用玻璃涂布器，是将玻璃棒弯曲或将玻璃棒一端烧红后压扁而成。接种某些不易和培养基分离的放线菌和真菌，有时用接种钩或接种铲。

10. **注射器**

一般有 1、2、5、10、20、50 mL 等不同容量的注射器。注射抗原于动物体内可根据需要使用容量为 1、2 和 5 mL；抽取动物心脏血或绵羊静脉血可采用容量为 10、20、50 mL。

微量注射器有 10、20、50、100 μL 等不同的大小。一般在免疫学或纸层析等实验中滴加微量样品时应用。

### （二）玻璃器皿的清洗方法

清洁的玻璃器皿是实验得到正确结果的先决条件，因此，玻璃器皿的清洗是实验前的一项重要准备工作。清洗方法根据器皿的种类、实验目的、洗涤剂的类别、所盛放的物品和玷污程度等的不同而有所不同。现分述如下：

1. 新玻璃器皿的洗涤方法

新购置的玻璃器皿含游离碱较多，应先在酸溶液内浸泡数小时。酸溶液一般用 2% 的盐酸或洗涤液。浸泡后用自来水冲洗干净。

2. 使用过的玻璃器皿的洗涤方法

（1）试管、三角烧瓶、培养皿、烧杯等：可用海绵或瓶刷沾上洗衣粉或肥皂等洗涤剂刷洗，然后用自来水充分冲洗干净。热的肥皂水去污能力更强，可有效地洗去器皿上的油污。洗衣粉和去污粉较难冲洗干净，用稀盐酸摇洗一次，再用水冲洗，或用水多次充分冲洗，然后倒置于有空心格子的木架上或铁丝框内，在室内晾干。急用时可放烘箱烘干。玻璃器皿经过洗涤，直至内壁的水均匀分布成一薄层，表示油垢完全洗净，否则重新冲洗。

装有固体培养基的器皿应先将其刮去，然后洗涤。带菌的器皿在洗涤前先在 0.25% 新洁尔灭消毒液或 2%煤酚皂溶液（来苏尔）内煮沸半小时或浸泡 24 h，再用自来水清洗干净，接着用蒸馏水淋洗 3 次以上，烘干。带病原菌的培养物最好先行高压蒸汽灭菌，倒去培养物后再重复上述洗涤过程。

若做科研或实验需精确配制化学药品，要求自来水冲洗干净后，再用蒸馏水淋洗 3 次，烘干或晾干后备用。

（2）玻璃吸管：吸过血清、血液、染料溶液或糖溶液等的玻璃吸管（包括毛细吸管），使用后应立即投入盛有自来水的量筒或标本瓶内，免得干燥后难以冲洗干净。在底部垫以脱脂棉花防止投入时容易破损。待实验完毕，再集中冲洗。必要时再用蒸馏水淋洗。洗净后，放筐内晾干，也可放烘箱内烘干。

吸过含有微生物培养物的吸管应立即投入盛有 0.25%新洁尔灭消毒液或 2%煤酚皂溶液的标本瓶内或量筒内，24 h 后方可取出冲洗。吸管的内壁如果有油垢，同样应先在洗涤液内浸泡数小时，然后再行冲洗。

（3）载玻片与盖玻片：用过的载玻片与盖玻片如滴有香柏油，要先浸在二甲苯内摇晃几次或用皱纹纸擦去，在肥皂水中煮沸 5~10 min，用脱脂棉花或软布擦拭，立即用水冲洗，然后浸泡在稀洗涤液中 0.5~2 h，冲去洗涤液后用蒸馏水换洗数次，待干后浸于 95%酒精中保存备用。使用时在火焰上烧去酒精。检查过活菌的载玻片或盖玻片应先在 2%酚皂溶液或 0.25%洁尔灭溶液中浸泡 24 h，然后按上法洗涤与保存。

3. 洗涤液的配制与使用

（1）洗涤液的配制：洗涤液分浓溶液与稀溶液两种，配方如表 5-1。

配制方法都是将重铬酸钠或重铬酸钾先溶解于自来水中，可慢慢加温，使其充分溶解，冷却后徐徐加入浓硫酸，边加边搅动。配好后的洗涤液应是棕红色或橘红色。储存于有盖容器内。

（2）原理：硫酸与重铬酸钾或重铬酸钠作用后形成铬酸，其氧化能力极强，因而具有极强的去污作用。

表 5-1　玻璃器皿洗涤液的配制

| 溶液 | 试剂 | 用量 |
|---|---|---|
| 浓溶液 | 重铬酸钠或重铬酸钾（工业用） | 50 g |
| | 自来水 | 150 mL |
| | 浓硫酸（工业用） | 800 mL |
| 稀溶液 | 重铬酸钠或重铬酸钾（工业用） | 50 g |
| | 自来水 | 850 mL |
| | 浓硫酸（工业用） | 100 mL |

（3）使用注意事项

①此液的使用仅限于玻璃和瓷质器皿，不适用于金属和塑料器皿。溶液中硫酸具有强腐蚀作用，玻璃器皿不宜浸泡时间太长，会使其变质。

②若腐蚀皮肤和衣服应立即用水洗，再用氨液或苏打水洗。如果溅在桌椅上，应立即用水洗去或湿布抹去。为防止氧化变质应始终加盖。

③为避免稀释洗涤液，投入的玻璃器皿应尽量干燥。

④在其变为墨绿色之前可反复使用，变化之后则不能再用。

### （三）空玻璃器皿的包装

**1. 培养皿的包装**

培养皿常用旧报纸紧密包扎，包好后进行干热灭菌。如将培养皿放入铜筒内进行干热灭菌，则不必用纸包。

**2. 吸管的包装**

准备好干燥的吸管，在距其粗头顶端约 0.5 cm 处，塞一小段约 1.5 cm 长的棉花，要塞得松紧恰当，以免使用时将杂菌吹入其中。然后分别将每支吸管尖端斜放在旧报纸条上，将其完全包裹后打结。用一张大报纸包扎，包好后的吸管进行干热灭菌。

如果有装吸管的铜筒，将包好的吸管装入铜筒进行干热灭菌。若铜筒灭菌的吸管可一次用完，直接装入铜筒灭菌，但吸管的尖端置于筒底，粗端在筒口，使用时，将其卧放在桌上，用手持粗端拔出。

**3. 三角烧瓶和试管等的包装**

试管管口和三角烧瓶瓶口塞以棉花塞，然后在棉花塞与管口和瓶口的外面用两层报纸（不可用油纸）与细线包扎好，进行干热灭菌。试管塞好棉花后装在铁丝篓中，用大张报纸将其包好。包纸是为了避免侵入灰尘。

空的玻璃器皿一般用干热灭菌，若需湿热灭菌，则要多包扎几层报纸。如果试管盖的是塑料帽，则不必包纸，使用湿热灭菌，铝帽则用干热灭菌。

## 五、思考题

（1）简述培养皿、试管、载玻片等在微生物培养中分别起到的作用。

（2）简述各种器皿在使用过程中的注意事项。

# 实验二　实验室环境和人体表面微生物检查

## 一、实验目的

（1）证明实验室环境和人体表面存在微生物。

（2）观察不同类群微生物的菌落形态特征。

（3）明白无菌操作的重要性。

## 二、实验原理

平板培养基含有细菌生长所需要的营养成分，当取不同来源的样品接种于培养基上，在 37 ℃下培养 1~2 d，每一菌体通过很多次细胞分裂而进行繁殖，形成一个可见的细胞群体集落，称为菌落。每一种细菌所形成的菌落都有它自己的特点，如菌落的大小、菌落透明或半透明或不透明、边缘整齐或不整齐、颜色、质地疏松或紧密、表面干燥或湿润、隆起或扁平、粗糙或光滑等。因此，环境中细菌的数量和类型可通过平板培养来检验。

## 三、仪器与试剂

### 1. 仪　器

灭菌锅、培养皿、接种环、酒精灯、试管、试管架、灭菌棉签。

### 2. 试　剂

TSB 培养基、琼脂、无菌水。

## 四、实验内容

每组在“实验室”和“人体”两大部分中各选择一个内容做实验，最后结果供全班讨论。

### （一）平板制备及写标签

首先配制固体培养基，倒置培养皿中，置于超净台中冷却后待使用。

任何一个实验，在动手操作前均需首先将器皿用记号笔做上记号，培养皿的记号一般写在皿盖上，或者写在标签上贴在皿盖侧面。用记号笔写上信息，本次实验还要写上样品来源（如头发、无菌室空气或实验室空气等），不要写在中间，写在皿底的一边，字尽量小些，以免影响观察结果。如果同时观察两个以上培养皿，标签写在皿盖上，打开皿盖后容易混淆。

（二）实验室细菌检查

1. 空　气

将一个平板放在无菌室或无人走动的其他实验室，移去皿盖；另一个置于做实验的实验室，移去皿盖，使琼脂培养基表面暴露在空气中。1 h 后盖上两个皿盖。

2. 实验台和门的旋钮

（1）用记号笔在皿底将平板均分为四份。

（2）取棉签：左手拿含有棉签的试管，在火焰旁用右手的手掌边缘和小指、无名指夹持棉塞（或试管帽），将其取出，将管口很快地通过酒精灯的火焰，烧灼管口；轻轻地倾斜试管，用右手的拇指和食指将棉签小心地取出。放回棉塞（或试管帽），并将空试管放在试管架上。

（3）浸湿棉签：左手取灭菌水试管，如上法拔出棉塞（或试管帽）并烧灼管口，将棉签插入水中，再提出水面，在管壁上挤压一下以除去过多的水分，小心将棉签取出，烧灼管口，放回棉塞（或试管帽），并将灭菌水试管放在试管架上。

（4）取样：将湿棉签在门旋钮或实验台面上擦拭约 3 $cm^2$ 的范围。

（5）接种：在火焰旁用左手拇指和食指或中指使培养皿开启一条缝。再将棉签伸入，在琼脂表面顶端接种（滚动一下），立即闭合皿盖。将原放棉签的空试管拔出棉塞（或试管帽），烧灼管口，插入用过的棉签，将试管放回试管架。

（6）划线：取接种环在火焰上灭菌，将接种环提起垂直放在火焰上，以使火焰接触金属丝的范围广一些，待接种环烧红，再将接种环斜放，沿环向上，烧至可能碰到培养皿的部分，再移向环端，如此很快地来回通过火焰数次。左手拿起平板，同样开启一缝，将灭菌冷却后的接种环（可在琼脂表面边缘空白处试温度，若发出溅泼声，表示太烫），通过琼脂顶端的接种区，向下划线，直到平板的一半处。

注：接种环与琼脂表面的角度要小，移动的压力不能太大，否则会刺破琼脂。

闭合皿盖，左手将平板向左转动至空白处，右手拿的接种环再在火焰上烧灼，冷却。接种环通过前面划的线条再在琼脂的另一半从上向下来回划线至 1/2 处。烧灼接种环，转动平板，划最后 1/4，立刻盖上皿盖，烧灼接种环，放回原处。

注：整个划线操作均要求无菌操作，即靠近火焰，而且动作要快。

（三）人体细菌的检查

1. 手指（洗手前与洗手后）

（1）分别在两个琼脂平板上标明洗手前与洗手后（班级、姓名、日期各项在每次写标签时都是必不可少的）。

（2）移去皿盖，将未洗过的手指在琼脂平板的表面，轻轻地来回划线，盖上皿盖。

（3）用肥皂和刷子，用力刷手，在流水中冲洗干净，干燥后，在另一琼脂平板表面来回移动，盖上皿盖。

2. 咳　嗽

对着去盖琼脂平板放在离口 6~8 cm 处用力咳嗽，盖上皿盖。

3. 头　发

在去盖琼脂平板上方，用手将头发用力摇动数次，盖上皿盖。

4. 鼻　腔

（1）按照（二）2.中步骤（2）和（3），取出棉签并将其浸湿。

（2）用湿棉签在鼻腔内滚动数次。

（3）按（二）2.中步骤（5）和（6），接种与划线后盖上皿盖。

（四）培　养

将所有的琼脂平板翻转，使皿盖在下，放 37 ℃培养箱，培养 1~2 d。

（五）结果记录

1. 结果记录方法

（1）菌落计数在划线的平板上，如果菌落很多而重叠，则数平板最后 1/4 面积内的菌落数。不是划线的平板，也数 1/4 面积的菌落数。

（2）根据菌落大小、形状、高度、干湿等特征观察不同的菌落类型。注意：如果细菌数量太多，会使很多菌落生长在一起，或者限制了菌落生长而变得很小，因而外观不典型，故观察菌落的特点时，要选择分离得很开的单个菌落。

2. 菌落特征描写方法

（1）大小：针尖状、小、中、大。可先将整个平板上的菌落粗略观察一下，再决定大小的标准。

（2）干湿情况：干燥、湿润、黏稠。

（3）颜色：黄色、灰色、金黄色、乳白色、粉红色、红色等。

（4）表面：高度隆起、扁平、凹下。

（5）形态：圆形、不规则等。

（6）透明程度：透明、半透明、不透明。

（7）边缘：整齐、不整齐。

## 五、结果与讨论

将实验结果记录于表 5-2，并与其他同学所做结果比较。

表 5-2　实验室环境和人体表面微生物检查结果

| 样品来源 | 菌落数 | 菌落类型 | 特征描述 | | | | | | |
|---|---|---|---|---|---|---|---|---|---|
| | | | 大小 | 干湿 | 颜色 | 表面 | 形态 | 透明程度 | 边缘 |
| | | | | | | | | | |

## 六、思考题

（1）比较各种来源的样品，哪一种样品的平板菌落数与菌落类型最多？

（2）洗手前后的手指平板，菌落数有无区别？

# 实验三　高压蒸汽灭菌实验

## 一、实验目的

（1）了解高压蒸汽灭菌的基本原理及应用范围。

（2）学习高压蒸汽灭菌的操作方法。

## 二、实验原理

高压蒸汽灭菌是将待灭菌的物品放在一个密闭的加压灭菌锅内，通过加热，使灭菌锅隔套间的水沸腾而产生蒸汽。待蒸汽急剧地将锅内的冷空气从排气阀中驱尽，然后关闭排气阀，继续加热，此时由于蒸汽不能溢出，增加了灭菌器内的压力，从而使沸点增高，得到高于 100 ℃的温度。导致菌体蛋白质凝固变性而达到灭菌的目的。

在同一温度下，湿热的杀菌效力比干热大，其原因有以下三种：①湿热条件下细菌菌体吸收水分，蛋白质较易凝固，因蛋白质含水量增加，所需凝固温度降低（表 5-3）；②湿热的穿透力比干热大（表 5-4）；③湿热的蒸汽有潜热存在，每 1 g 水在 100 ℃时，由气态变为液态时可放出 2.26 kJ 热量。这种潜热能迅速提高被灭菌物体的温度，从而增加灭菌效力。

表 5-3　蛋白质按水量与凝固所需温度的关系

| 卵白蛋白含水量/% | 30 min 内凝固所需温度/℃ |
|---|---|
| 50 | 56 |
| 25 | 74~80 |
| 18 | 80~90 |
| 6 | 145 |
| 0 | 16 |
| 0 | 160~170 |

表 5-4　干热与湿热穿透力及灭菌效果对比

| 温度/℃ | 时间/h | 透过布层的温度/℃ | | | 灭菌 |
|---|---|---|---|---|---|
| | | 20 层 | 40 层 | 100 层 | |
| 干热　130~140 | 4 | 86 | 72 | 70.5 | 不完全 |
| 湿热　105.3 | 3 | 101 | 101 | 101 | 完全 |

蒸汽压力所用单位为千克/平方厘米（kg/cm²），它与磅/平方英寸（lb/in²）和温度的换算关系见表 5-5。

表 5-5　蒸汽压力与蒸汽温度换算关系

| 大气压 | 压力表读数 | | 蒸汽温度 |
|---|---|---|---|
| | kg/cm² | lb/in² | ℃ |
| 1.00 | 0.00 | 0.00 | 100.0 |
| 1.25 | 0.25 | 3.75 | 107.0 |
| 1.50 | 0.50 | 7.25 | 112.0 |
| 1.75 | 0.75 | 11.25 | 115.0 |
| 2.00 | 1.00 | 15.00 | 121.0 |
| 2.5 | 1.50 | 22.50 | 128.0 |
| 3.00 | 2.00 | 30.00 | 134.5 |

高压灭菌器的构造有手提式、立式和卧式三种（各种型号的高压灭菌器的具体构造和各部件的性能可参看产品说明书），其构造原理大致相同。图 5-7 从左至右依次为手提式、立式和卧式高压灭菌器。

图 5-7　高压蒸汽灭菌锅

## 三、仪器与试剂

### 1. 仪　器

培养皿、枪头、EP 管、待灭菌物品。

### 2. 试　剂

培养基。

## 四、实验内容

（1）首先将内层灭菌桶取出，再向外层锅内加入适量的水，使水面与三角搁架相平为宜。

（2）放回灭菌桶，并装入待灭菌物品。注意不要装得太挤，以免妨碍蒸汽流通而影响灭菌效果。三角烧瓶与试管口均不要与桶壁接触，以免冷凝水淋湿包口的纸而透入棉塞。

（3）加盖，并将盖上的排气软管插入内层灭菌桶的排气槽内。再以两两对称的方式同时旋紧相对的两个螺栓，使螺栓松紧一致，以免漏气。

（4）插上电源，并同时打开排气阀，使水沸腾以排除锅内的冷空气。待冷空气完全排尽后，关上排气阀，让锅内的温度随蒸汽压力增加而逐渐上升。当锅内压力升到所需压力时，控制热源，维持压力至所需时间。本实验用 1.05 $kg/cm^2$，121.3 ℃，15~30 min 灭菌。

（5）灭菌所需时间到后，切断电源，让灭菌锅内温度自然下降，当压力表的压力降至 0 时，打开排气阀，旋松螺栓，打开盖子，取出灭菌物品。如果压力未降到 0 时打开排气阀，锅内压力突然下降，容器内的培养基就会由于内外压力不平衡而冲出烧瓶口或试管口，造成棉塞沾染培养基而发生污染。

（6）将取出的灭菌培养基放入超净台，即可使用。

## 五、注意事项

（1）灭菌包不宜过大过紧（体积不应大于 30 cm×30 cm×30 cm），灭菌器内物品的放置总量不应超过灭菌器内层容积的 85%。各包之间留有空隙，以便于蒸汽流通、渗入包裹中央，排气时蒸汽迅速排出，保持物品干燥。

（2）盛装物品的容器应有孔，若无孔，应将容器盖打开。

（3）布类物品放在金属、搪瓷类物品之上。

（4）在使用高压蒸汽灭菌锅灭菌时，灭菌锅内冷空气的排除是否完全极为重要，因为空气的膨胀压大于蒸汽的膨胀压，所以，当蒸汽中含有空气时，在同一压力下，含空气蒸汽的温度低于饱和蒸汽的温度。

## 六、思考题

比较各种不同种类的高压灭菌锅，并指出它们的不同。

# 实验四　紫外线灭菌实验

## 一、实验目的

（1）了解紫外线灭菌的作用原理。

（2）学习并掌握紫外灭菌方法。

## 二、实验原理

紫外线杀菌属于射线杀菌的一种，紫外线的波长范围为 10~400 nm，而在 265~266 nm 和 240~280 nm 波长范围内杀菌效力最强，因为此范围与 DNA 吸收光谱一致。

辐射能使空气中的氧电离成［O］，再使 $O_2$ 氧化生成臭氧（$O_3$）或使水（$H_2O$）氧化生成过氧化氢（$H_2O_2$）。$O_3$ 和 $H_2O_2$ 这些活性氧物质均有杀菌作用，引起细胞核酸变性导致微生物死亡。不同的菌落，紫外线的杀菌时间不同，杀菌的效果不同。对于一般的细菌只要很短的时间，对于有芽孢的菌，它本身抗逆性非常强，因此杀灭的时间会相对更长一些。

紫外线杀菌作用强，但穿透力不大，所以，只适用于无菌室、接种箱、手术室内的空气及物体表面的灭菌。紫外线灯距照射物以不超过 1.2 m 为宜。

## 三、仪器与试剂

**1. 仪　器**

超净台、培养皿。

**2. 试　剂**

TSB 培养基（植物源蛋白胨）。

## 四、实验内容

**1. 单用紫外线照射**

（1）在无菌室内或在接种箱内打开紫外线灯开关，照射 30 min，将开关关闭。

（2）将牛肉膏蛋白胨培养皿盖打开 15 min，然后盖上皿盖，置 37 ℃培养 24 h。共做 3 套。

（3）检查每个培养皿上生长的菌落数。如果不超过 4 个，说明灭菌效果良好；否则，需延长照射时间或同时加强其他措施。

**2. 化学消毒剂与紫外线照射结合使用**

（1）在无菌室内，先喷洒 3%~5%的石炭酸溶液，再用紫外线灯照射 15 min。

（2）无菌室内的桌面、凳子用 2%~3%来苏尔擦洗，再打开紫外线灯照射 15 min。

（3）检查灭菌效果。

## 五、注意事项

由于紫外线对眼结膜及视神经有损伤作用，对皮肤有刺激作用，所以，不能直视紫外线灯光，更不能在紫外线灯光下工作。

# 实验五　固体培养基及液体培养基配制实验

## 一、实验目的

（1）了解有关微生物及培养基的基础知识。

（2）掌握培养基的制备、高压蒸汽灭菌等基本操作技术。

## 二、实验原理

培养基是人工配制的供给细菌或其他微生物生长繁殖的营养基质。微生物的种类虽然繁多，但对基本营养物质的要求却有共同性，如碳源、氮源、能源、无机盐、生长因子和水分等。这些营养物质的作用是：提供生命活动必需的能量；提供合成菌体和代谢产物的原料；调节代谢环境。作为培养基必须具备下列条件：① 含有适当的水分和一定配比的适宜的营养物质。② 培养基必须经灭菌成为无菌状态后方能使用。③ 具有合适的酸碱度（pH）。④ 有适当的物理状态：液体培养基、固体培养基和半固体培养基。

利用培养基对细菌等进行人工培养，在微生物学上有重要意义。例如，细菌纯培养物的分离、培养，细菌生物学特性的研究、分类鉴定，菌种保藏等都需要利用培养基进行人工培养。同时在传染病的诊断、生物制品的研制、发酵生产，以及利用细菌等作为工具进行的其他学科的研究中（如遗传学、基因工程等），都离不开培养基的应用和细菌的人工培养。

基础培养基一般指的是营养肉汤培养基和营养琼脂培养基，它通常由蛋白胨（主要为氮源）、牛肉浸膏（作为碳源、氮源、维生素和无机盐）、氯化钠（无机盐，并具有维持一定的渗透压的作用）和水组成。基础培养基含有大多数细菌生长繁殖所需要的营养物质。另外，根据培养基的组成和使用目的菌不同，还有加富培养基、选择培养基、厌氧培养基等。培养基（培养液）是由人工方法配制而成的，专供微生物生长繁殖使用的混合营养液。因此营养基中应当有微生物所能利用的营养成分（包括碳源、氮源、无机盐、能源、生长素）和水。根据微生物的种类和实验目的不同，培养基也有不同的种类和配置方法。按照物理状态分为固体培养基、液体培养基和半固体培养基。其中固体培养基（图 5-8）用于菌种保存及分离、鉴定菌落、活菌计数等；半固体培养基可观察微生物的运动；液体培养基（图 5-9）常用于发酵工业。按功能分：选择培养基和鉴别培养基。按成分划分：天然培养基和合成培养基。而本实验主要对于固体培养基及液体培养基进行介绍。

图 5-8　固体培养基

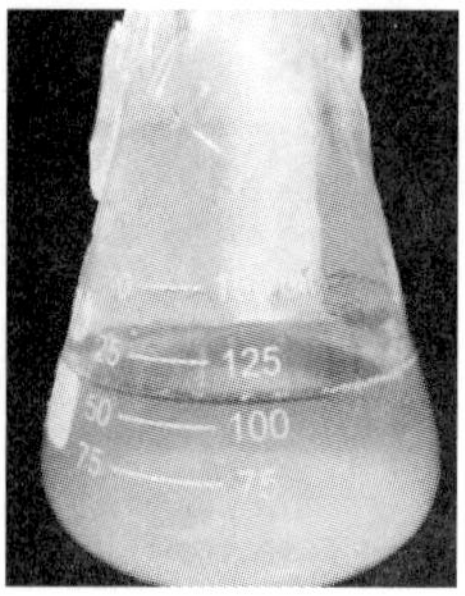

图 5-9　液体培养基

## 三、仪器与试剂

### 1. 仪　器

烧杯（50 mL、250 mL、1000 mL）、玻璃棒、高压蒸汽灭菌锅、超净台、电子分析天平、量筒、称量纸、烧瓶（1 L）。

### 2. 试　剂

胰蛋白胨（10 g/L）、酵母提取物（5 g/L）、NaCl（10 g/L）、NaOH（pH 7.4）、琼脂（15 g/L）、抗生素。

## 四、实验内容

### 1. 液体培养基

按照培养基配方比例以此准确称取胰蛋白胨、酵母提取物、NaCl，用去离子水溶解，并用 1 mol/L NaOH 调节 pH 至 7.4，加去离子水至 1 L，在高压蒸汽灭菌锅中同清洗干净后的培养皿一起灭菌。灭菌结束后，即得到液体培养基，置于冰箱或者放置于超净台中，打开紫外线，下次可直接使用。使用过程注意细菌污染。

### 2. 固体培养基

培养基配制同上述操作方法一致，但需要按比例加入琼脂。灭菌结束后，冷却至 55 ℃左右（手可触摸）时加入抗生素，充分混匀后将培养基倒入培养皿中。倒的过程注意将培养皿铺满，高度为 3~6 mm。结束后打开盖子，在紫外光照射下冷却。铺板全过程在超净台完成。

## 五、注意事项

实验过程中，一定要注意实验操作，以免细菌交叉感染。

## 六、思考题

固体培养基的配制中需要加入抗生素，且温度在 55 ℃左右，请阐述理由。

# 实验六　牛肉膏蛋白胨培养基制备实验

## 一、实验目的

（1）掌握牛肉膏蛋白胨培养基的配制方法。

（2）学会计算牛肉膏蛋白胨培养基的不同配比。

（3）了解不同培养基类别及适用条件。

## 二、实验原理

牛肉膏蛋白胨培养基（Beef Extract Peptone Medium）是使用最广泛、最普遍的基本细菌培养基之一，也被称为普通培养基，在实验室中常用于培养细菌，也可培养真菌。其含有一般细菌生长和繁殖所需的最基本的营养物质，因此它可以用于微生物的生长和繁殖。基础培养基包含牛肉膏、蛋白胨和氯化钠，牛肉膏为微生物提供碳源、能量、磷酸盐和维生素，蛋白胨主要提供氮源和维生素，氯化钠则提供无机盐。在制备固体培养基时，加入一定量的琼脂作为凝固剂，固体培养基中的琼脂量根据琼脂质量和温度而变化（图 5-10）。牛肉膏蛋白胨培养基多用于培养细菌，在配制过程中需要使用稀酸或稀碱将其 pH 调至碱性，利于细菌的生长繁殖。在配制过程中，根据微生物种类的不同和实验目的的不同，选择合适的培养基配比关系，配制后应及时进行消毒灭菌。

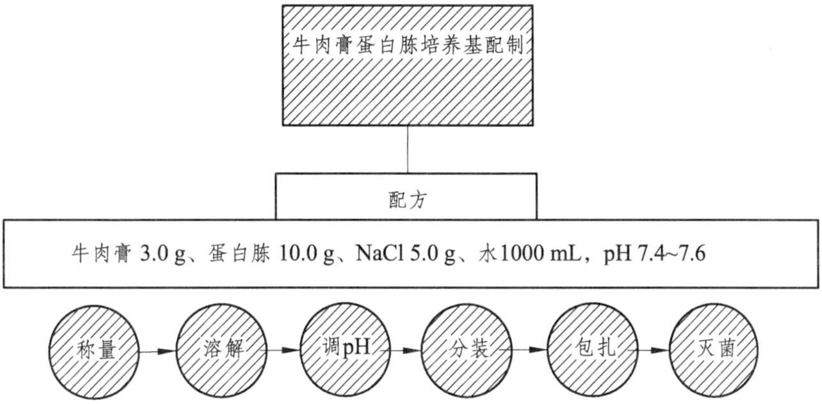


图 5-10　牛肉膏蛋白胨培养基配制步骤

## 三、仪器与试剂

### 1. 仪　器

分析天平、锥形瓶、高温电炉、容量瓶、烧杯、无菌培养皿、pH 试纸、胶头滴管、玻璃试管、酒精灯、高压蒸气锅、玻璃棒等。

2. 试　剂

牛肉膏、蛋白胨、氯化钠、蒸馏水等。

## 四、实验内容

1. 称　量

按培养基配方比例计算出实验中各种药品所需要的量，依次准确地称取牛肉膏、蛋白胨、NaCl 质量。牛肉膏通常用玻璃棒挑起，在一个小烧杯或表面皿里称量，在热水中融化，倒入烧杯中。蛋白胨容易吸潮，称量时应尽快称取。

2. 溶　解

在上述烧杯中先加入少于所需要的水量，用玻璃棒搅匀，然后，在石棉网上加热使其溶解，或在磁力搅拌器上加热溶解将药品完全溶解后，补充水到所需的总体积，如果配制固体培养基，应将称好的琼脂放入已溶的药品中，再加热溶化，最后补足所损失的水分。在制备用三角瓶盛固体培养基时，一般也可先将一定量的液体培养基分装于三角瓶中，然后按 1.5%~2.0%的量将琼脂直接分别加入各三角瓶中，不必单独加热溶化，而是灭菌和加热溶化同步进行，节省时间。

3. 调 pH

用 pH 计或精密 pH 试纸测定溶液 pH，如果偏酸，用滴管向培养基中逐滴加入 1 mol/L NaOH，边加边搅拌，直至 pH 达 7.6。反之，则用 1 mol/L HCl 进行调节。由于高压蒸汽灭菌后，pH 常降低，将其调至高出 7.8 即可。

4. 分　装

根据实验不同需要，可将配好的培养基分装入配有棉塞的试管或三角瓶内（图 5-11）。注意分装过程避免培养基挂在瓶口或管口上引起杂菌污染。如果是液体培养基，应分装约为试管高度的 1/4；固体培养基约为试管高度的 1/5；装入三角烧瓶的量约为三角烧瓶容量的 1/2。

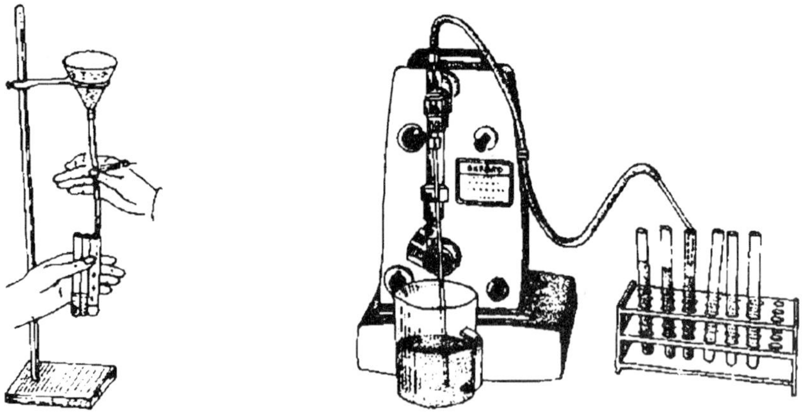

（a）漏斗分装装置　　　　（b）自动分装器

图 5-11　培养基的分装装置

5. 包　扎

培养基分装完毕，在试管口或三角烧瓶口上塞上棉塞，保证透气且防止污染，用硫酸纸和牛皮纸包扎，防止灭菌时冷凝水润湿棉塞。同时注明培养基的名称及配制日期。

6. 灭　菌

将上述制备的培养基在 101.33 kPa 高压灭菌锅蒸汽灭菌 20 min。高压灭菌要注意放置培养液不要过满，降压后再打开高压灭菌锅。

## 五、注意事项

在称量试剂时要及时擦拭药匙，避免试剂污染。

## 六、思考题

（1）调 pH 时需要注意什么，为什么要调 pH？

（2）如何检查灭菌是否彻底？

（3）高压蒸汽灭菌的步骤有哪些？

# 实验七　马丁氏培养基制备实验

## 一、实验目的

（1）掌握马丁氏培养基的配制方法。

（2）学会计算马丁氏培养基的不同配比。

（3）了解不同培养基类别及适用条件。

## 二、实验原理

马丁氏（Martin）培养基，是一种用来分离真菌的选择性培养基，此培养基的 pH 为 7.2~7.6，主要用于真菌培养及药品和生物制品无菌检查用。此培养基由葡萄糖、蛋白胨、$K_2HPO_4$、$MgSO_4 \cdot 7H_2O$、孟加拉红（Rose Bengal）和链霉素等组成（图 5-12）。其中蛋白胨主要作为碳源和氮源，葡萄糖提供能源，磷酸氢二钾为缓冲剂，硫酸镁提供必需的微量元素，为微生物提供钾、磷、镁离子。马丁氏培养基中需要加入孟加拉红和链霉素，是细菌和放线菌的抑制剂，对真菌无抑制作用，从而达到分离真菌的目的。

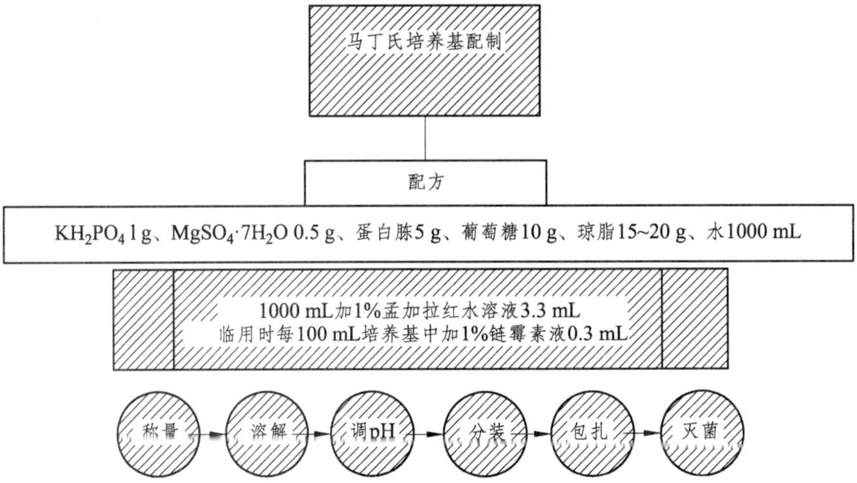


图 5-12　马丁氏培养基的配方及配制步骤

## 三、仪器与试剂

**1. 仪　器**

分析天平、锥形瓶、高温电炉、容量瓶、烧杯、无菌培养皿、pH 试纸、胶头滴管、玻璃试管、酒精灯、高压蒸气锅、玻璃棒等。

**2. 试　剂**

葡萄糖、蛋白胨、$K_2HPO_4$、$MgSO_4 \cdot 7H_2O$、孟加拉红、琼脂和链霉素等。

## 四、实验内容

按培养基配方比例，计算、称取各药品质量，将药品倒入烧杯中。先在烧杯中加入少许水溶解药品，后在石棉网上加热使其全部溶解。待培养基完全溶解后，加入超纯水到所需体积。然后配制 1%孟加拉红溶液，按照 1000 mL 培养液中加入 3.3 mL 1%孟加拉红溶液的比例，加入适量 1%孟加拉红溶液，混匀，最后加入适量琼脂。按前面所学牛肉膏蛋白胨培养基制备实验，依次进行分装、加塞、包扎、灭菌，无菌检查。马丁氏培养基临用前，按每 100 mL 培养液中加入 0.3 mL 1%链霉素溶液比例，添加使用。

## 五、注意事项

链霉素受热容易分解，可先将链霉素配成 1%的溶液，待马丁氏培养基溶解温度降至 45 ℃左右再加入。

## 六、思考题

（1）培养细菌、放线菌、酵母菌、霉菌各需要用什么培养基？

（2）加入孟加拉红和链霉素的作用是什么？

（3）什么是选择培养基？

# 实验八　菌种保藏、活化及传代实验

## 一、实验目的

（1）掌握常用菌种保存方法、原理、适用细菌。

（2）学会斜面低温保藏法。

（3）了解菌种活化、传代实验步骤。

## 二、实验原理

菌种保藏（Culture Preservation，Culture Collection）是指保持微生物菌株的生活力和遗传性状的技术。微生物种子经过长时间的保存后，生命活动处于半永久性的休眠状态，仍然保持着生命能力及原有的各种生物学特性。菌种保存可以作为对照菌种，以确定可用于深入研究未知菌种性状的菌种，并随时为生产和研究提供优良菌种。干燥、低温和隔绝空气是确保菌种保藏技术的关键措施，菌种保藏的原理是根据微生物菌种的生理、生化特性，在人工创造的条件下有针对性地创造干燥、低温和隔绝空气的外界条件，尽量降低微生物细胞的代谢强度。目前国际国内常用的菌种保存方法包括：定期移植法、液体石蜡法、沙土管法、真空冷冻干燥法、-80 ℃冰箱冻结法、液氮冷冻保藏法。其中定期移植法中的斜面保存法是最简便最普通的保存方法（图 5-13），常用于实验室保藏菌种，霉菌、酵母菌、放线菌和芽孢菌一般保存 2~4 个月传代 1 次，细菌一般保存 1 个月传代 1 次。

菌种活化是将菌种保藏中心处于保藏状态的菌种放入适宜的培养基中培养，逐级扩大培养获得活力旺盛的、接种数量足够的培养物。菌种发酵一般需要 2~3 代的复壮过程，因为保存时的条件往往和培养时的条件不相同，所以要活化。

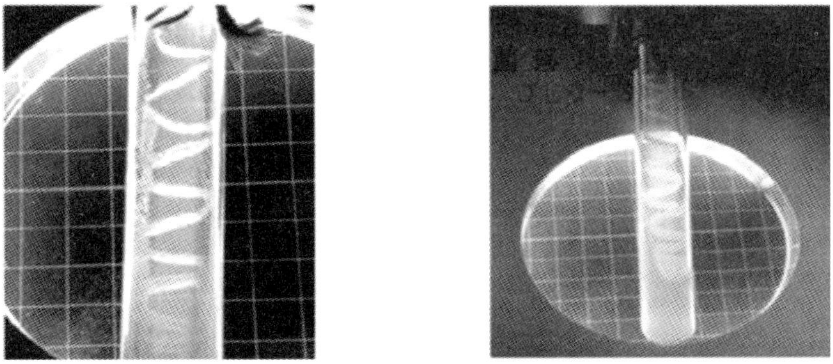

（a）大肠杆菌斜面　　　　（b）金黄色葡萄球菌斜面

图 5-13　琼脂斜面保藏法

菌种的传代是指菌种在使用一段时间后，菌种数量减少，将菌种进行传代培养，以增加数量。经多次传代后，菌种有衰退、变异现象，对菌种进行复壮，得到纯化菌种。

## 三、仪器与试剂

### 1. 仪　器

分析天平、锥形瓶、高温电炉、容量瓶、烧杯、无菌培养皿、胶头滴管、玻璃试管、酒精灯、玻璃棒、低温冷藏箱、接种环等。

### 2. 试　剂

铜绿假单胞菌、蛋白胨、琼脂和超纯水等。

## 四、实验内容

### 1. 菌种的保藏

（1）制备斜面培养基：斜面培养基常用于菌种扩大转管及菌种保藏，制作时应将适量琼脂加热煮沸溶解后，趁热定量分装于试管内，静置冷凝，凝固成斜面。

（2）铜绿假单胞菌保藏：根据不同微生物生长繁殖所需条件的不同，将需要保藏的菌种接种到适宜的斜面培养基中，在适当温度条件下培养至所需时间。以铜绿假单胞菌为例，待其生长充分以后，挑取菌落“之”字形划线接种至培养基斜面，用封口膜封口，贴上标签，于 2 ~ 8 ℃条件下保存（铜绿假单胞菌菌株会在 4 ℃产生自溶）。保藏时间一般为 2 ~ 4 个月，隔一段时间进行一次传代培养。

### 2. 菌种的活化

（1）准备 37 ℃、体积分数为 70%的酒精浴槽（只能在电气水浴槽中改放酒精，不可以用火加温，以免危险；若以 37 ℃水浴取代，应避免水中微生物污染），其中事先安放小试管架（可放置 cryotube 的大小），液面不可高达管塞。

（2）将 cryotube 从低温保存条件中取出，置于 37 ℃浴槽的小试管架上。

（3）不断轻微摇动 cryotube，液面不可高至管塞，直至结冰完全溶解（约需 2 min）。

（4）在无菌操作下，用无菌微量吸管，从已溶解的 cryotube 吸取 50 μL（或 1~2 滴）菌液，滴入固态指定培养基（培养基编号及温度示于菌株订购单）某一边缘附近，以划线法接种于培养基。

（5）将接种好的培养基置于指定温度的培养箱中培养。

### 3. 菌种的传代

（1）将新鲜的无菌斜面琼脂养基、酒精灯、接种环和将要传代的菌种管均放置于洁净工作台上，备用。

（2）点燃酒精灯，以左手持菌种管，右手持接种环，将接种环通过火焰消毒俟冷后，从菌种管中挑取菌落。

（3）左手立即换取斜面培养基管，以右手无名指和小指拔取棉塞（先转动棉塞后拔去），夹持于手指间。

（4）立即将管口通过火焰灭菌后将接种环伸入斜面管内，先从斜面底部到顶端拖一条接种线，再自下而上蜿蜒涂布。

（5）轻轻取出接种环，用棉塞塞住管口，立即将接种环通过火焰消毒。

（6）将接种好的管口用牛皮纸包扎，置于 35 ℃恒温箱中培养 18~24 h，取出置于 4~6 ℃冰箱中保存。

## 五、思考题

（1）常用的菌种保存方法的优缺点分别是什么？

（2）制备斜面培养基需要注意什么？

（3）你知道菌种在活化后是如何传代的吗？关于微生物菌种保藏有哪些新方法涌现？

# 实验九　梯度平板法及涂布平板法实验

## 一、实验目的

（1）掌握梯度平板法分离大肠杆菌抗孟加拉红突变株。

（2）学会涂布平板法的操作。

（3）了解其他抗药性菌株的分离方法。

## 二、实验原理

梯度平板法是利用培养皿的一侧至另一侧铺有药物浓度呈梯度分布的琼脂培养基，以筛选相应抗药性突变株的方法。抗药性突变是由 DNA 分子中特定位点的结构变化引起的，与药物的存在无关，药物的存在只是作为分离细菌抗性菌株的一种手段，而不是突变的诱因。因此，当大量的细胞被转移到含有一定浓度的生长抑制药物的平板上时，极少的抗性突变体细胞会在平板上形成菌落。这些菌落发生抗药性突变，并进一步进行抗性实验，最终可获得所需的抗性菌株。抗药性突变株经常被用作遗传标记，因此掌握如何分离抗性突变株是很重要的。为了便于选择适当的药物浓度，通常用梯度平板法分离抗药性突变株。在本实验中，采用梯度平板法分离大肠杆菌孟加拉红突变株。实验原理如图 5-14 所示，在梯度平板上涂布经过诱变的菌悬液，经一定时间培养后，一些突变体菌株可以在合适的药物浓度生长，而在更高的药物浓度下生长的突变体菌株可以被分离和培养，最终分离得到抗药性突变株得到抗性突变体菌株。

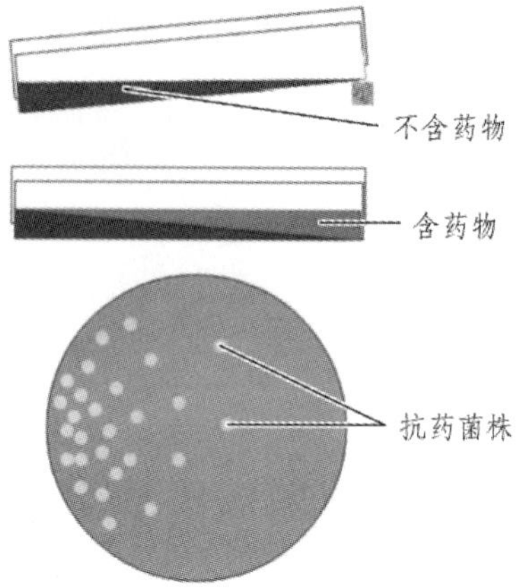


图 5-14　梯度平板法筛选抗药性突变株示意图

## 三、仪器与试剂

**1. 仪　器**

分析天平、锥形瓶、超净台、容量瓶、烧杯、无菌培养皿、无菌吸管（1 mL）、玻璃棒、低温冷藏箱等。

**2. 试　剂**

大肠杆菌、LB 固体培养基（底层和上层）、孟加拉红、无水乙醇等。

## 四、实验内容

**1. 制备孟加拉红梯度平板**

将一次性无菌培养皿一侧垫高约 6 mm，倾斜放置，倒入约 15 mL 融化的琼脂培养基，静置凝固后将培养皿平放。再倒上等体积、含适当浓度孟加拉红的相同培养基，放置 1 d，即可得到孟加拉红浓度从左侧到右侧逐渐降低的线性梯度平板。

**2. 涂　菌**

接种大肠杆菌于盛有 5 mL 试管中，稀释至合适浓度后，用 1 mL 无菌吸管吸取大肠杆菌培养液于孟加拉红梯度平板上，用无菌玻璃涂棒将菌液均匀涂布到整个平板表面。在 $CO_2$ 恒温孵育箱培养 48 h，选择 1~2 个生长在梯度平板中部的单个菌落，用无菌接种环接触单个菌落朝高药物浓度的方向划线。再孵育 48 h 后观察结果。

## 五、注意事项

（1）整个过程需要保证在无菌条件下进行。试管、枪头等仪器设备都需要提前经过灭菌环节才可以使用。

（2）接种环使用前应当在酒精灯上灼烧至红热，以保证灼烧充分。

（3）在稀释过程中要充分混匀，吸取 100 μL 到平板上，然后用烧好的涂布棒均匀涂抹开，各个方向都可以涂布，涂布完灼烧。

（4）注意力度大小适宜，不应划破培养基的表面。

## 六、思考题

（1）观察实验结果，孟加拉红引起了抗药性突变吗？
（2）梯度平板法分离抗药性突变株有哪些优缺点？
（3）梯度平板法除用于分离抗药突变株以外，还有哪些用途？

# 实验十　琼脂平板毒力试验

## 一、实验目的

（1）掌握琼脂平板毒力试验的原理。
（2）学会观察白喉抗毒素与白喉外毒素的双向琼脂扩散现象。
（3）了解 Elek 培养基的配制方法。

## 二、实验原理

琼脂平板毒力试验，又称 Elek 平板毒力试验，是一种体外的毒力测定方法，通常是白喉杆菌的毒力鉴定根据。白喉棒状杆菌（C. diphtheriae）属于棒状杆菌属，革兰氏阳性，俗称白喉杆菌，是白喉的病原菌（图 5-15）。白喉杆菌的有毒菌株可产生白喉外毒素，白喉抗毒素可与其特异性结合，中和白喉外毒素的毒性，可用细菌培养法证实。其实验原理为用棉拭子从患者病变部位假膜边缘取材作为标本，进行涂片镜检及毒力试验，通过观察白喉抗毒素与白喉外毒素的双向琼脂扩散现象，判断所培养的白喉杆菌的产毒性。具体操作步骤为在含马血清、蛋白胨的平板上，将待检菌和阳性对照产毒菌用平行划线法接种，然后垂直铺一条浸有白喉抗毒素的滤纸片。孵育 24 ~ 48 h，若待检菌产生白喉外毒素，则在滤纸条和长出的菌苔交界处出现白色沉淀线，此为毒力试验阳性。

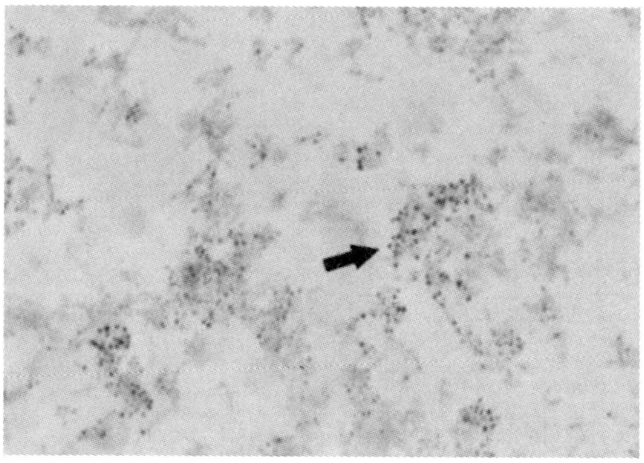

图 5-15　白喉棒状杆菌形态图

## 三、仪器与试剂

**1. 仪　器**

分析天平、锥形瓶、超净台、容量瓶、烧杯、无菌培养皿、无菌吸管（1 mL）、玻璃棒、低温冷藏箱、无菌滤纸条（6.0 cm×1.5 cm）、镊子等。

**2. 试　剂**

白喉抗毒素、血清、Elek 琼脂蛋白胨培养基、无水乙醇、白喉杆菌、类白喉杆菌等。

## 四、实验内容

**1. 制备 Elek 琼脂蛋白胨培养基平板**

取用 10 mL 制备好的 Elek 琼脂蛋白胨培养基，加热融化，常温冷却至 50 ~ 55 ℃。往培养基加入 2 mL 无菌的兔血清，混匀后倾注平板。

**2. 白喉抗毒素滤纸条制备**

准备 6.0 cm×1.5 cm 无菌滤纸条，完全浸入 1000 U/mL 白喉抗毒素溶液中。趁热用无菌镊子将滤纸条贴于平板中央，待琼脂凝固后将平板倒扣，在 $CO_2$ 恒温孵育箱培养 1~2 h。

**3. 接种细菌**

以接种环取产毒素白喉杆菌、类白喉杆菌和待检的白喉杆菌分别以与滤纸条成垂直的方向划线接种，接种线须密且集中，接种的菌量宜多。一般每个平板可接种 5 ~ 6 个标本。在 $CO_2$ 恒温孵育箱分别培养 24、48、72h，观察结果。

## 五、思考题

（1）观察实验结果，有无与接种线呈 45°的白色沉淀线出现？

（2）Elek 平板毒力试验还有哪些用途？

（3）确定白喉棒状杆菌是否产生毒素的依据是什么？

# 实验十一　细菌生长曲线的测定实验

## 一、实验目的

（1）了解细菌生长曲线的特征及测定的原理。

（2）学会培养基的配制和接种方法。

（3）拓展不同细菌，不同接种方法对同一培养基上生长速度的影响。

## 二、实验原理

细菌生长曲线（Bacterial Growth Curve）专指单细胞微生物的。它是将少量的细菌接种到一定体积的，合适的新鲜液体培养基后，在适宜的条件下进行培养，定时取样测定培养液中的菌量，以菌量的对数为纵坐标、生长时间为横坐标，绘制一条曲线，我们称这条曲线为细菌生长曲线（图 5-16）。一般生长曲线可分为延迟期、对数期、稳定期和衰亡期。生长曲线是微生物在一定环境条件下于液体培养时所表现出的群体生长规律。不同的微生物其生长曲线不同，即使是同一种微生物，在不同的培养条件下，其生长曲线也不同，各种细菌的生长速率不同，每一种细菌都有各自的生长曲线，但曲线的形状基本相同。绘制不同细菌的生长曲线在科学研究及生产上是非常有意义的。本实验将以大肠杆菌为例，绘制大肠杆菌的生长曲线。

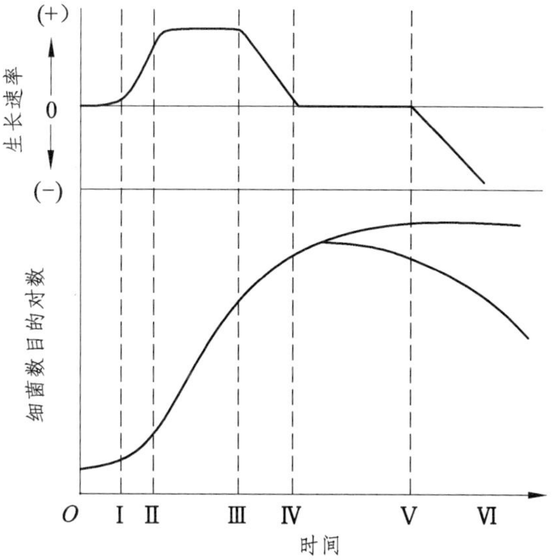


图 5-16　细菌生长曲线

## 三、仪器与试剂

### 1. 仪　器

超净台、分析天平、锥形瓶、容量瓶、烧杯、无菌培养皿、无菌吸管（1mL）、玻璃棒等。

### 2. 试　剂

大肠杆菌、大肠杆菌、无水乙醇等。

## 四、实验内容

将适量浓度的大肠杆菌接种到牛肉膏蛋白胨培养液中，37 ℃振荡培养 20 h。制备适量未接种牛肉膏蛋白胨培养液，用以校正紫外分光光度计背景。将 6 个盛有 200 mL 无菌肉膏蛋白胨培养液分为两组，编号为 1、2、3 号和 4、5、6 号。每个锥形瓶依次加入培养 20 h 的大肠杆菌培养液 10 mL，37 ℃振荡培养。用无菌移液枪吸取 3 mL 培养液在分光光度计上分别测量接种后的第 0、1、2、4、6、8、10、12、14、16、18、

20 h，420 nm 吸光度。使 $OD_{420}$=0.0~0.4，若数值较大，则菌液太浓，可按照梯度稀释菌液。在培养第 8 h 取样测定后，向 1~3 号加入 10 mL 牛肉膏蛋白胨培养液的浓缩液，另一组每瓶加入 10 mL 无菌水。继续振荡培养和定时测定吸光度。实验结束后以 $OD_{420}$ 值为纵坐标、培养时间为横坐标，绘制两种培养条件下的大肠杆菌生长曲线。

### 五、思考题

（1）观察实验结果，两种培养条件下的大肠杆菌生长曲线有哪些差异？

（2）大肠杆菌的生长曲线有什么规律？

（3）不同细菌的生长曲线是相同的吗？

## 实验十二　细菌的革兰氏染色实验

### 一、实验目的

（1）掌握细菌革兰氏染色法原理及实验操作。

（2）熟悉油镜、显微镜的使用和保养。

（3）了解革兰氏染色实验在细菌分类鉴定上的重要性。

### 二、实验原理

革兰氏染色法是细菌学中普遍使用的一种重要鉴别染色法，由丹麦医师 Gram 于 1884 年创立。细菌先经碱性染料结晶紫染色，再经碘液媒染（以增加染料与细胞的亲和力）后，用酒精或丙酮脱色，再经复染剂染色。不被脱色而保持原颜色的是革兰氏阳性菌（G+）；被脱色后又被染上复染剂颜色的是革兰氏阴性菌（G–）（图 5-17）。使用该方法可将细菌分为两大类。

革兰氏染色法的原理是通过结晶紫初步染色和碘液媒染后，在细胞壁内形成了不溶于水的结晶紫与碘的复合物，革兰氏阳性菌由于细胞壁较厚、肽聚糖网层次较多且交联致密，因此遇到乙醇进行脱色处理时，因失水反而使网孔缩小，再加上它不含类脂，因此使用乙醇处理不会出现缝隙。因此能把结晶紫与碘的复合物牢牢地留在细胞壁内，使其呈现为紫色；而革兰氏阴性菌因其细胞壁薄、外膜层类脂含量高、肽聚糖层薄且交联度差，在遇到脱色剂后，以类脂为主的外膜迅速溶解，薄而松散的肽聚糖网不能阻挡结晶紫与碘复合物的溶出，因此，通过乙醇脱色后仍呈现为无色，再经番红染料进行复染，就会使革兰氏阴性菌呈现红色。染色前必须先固定细菌，其目的有两个：①杀死细菌，使细胞质凝固，菌体黏附于玻片上；②增加其对染料的亲和力。常用的有加热和化学固定两种方法。固定时应尽量维持细胞原有形态，防止细胞膨胀或收缩。革兰氏染色原理很简单，染色时需注意使用处于活跃生长期的细菌，涂片不宜过厚，严格控制脱色时间。

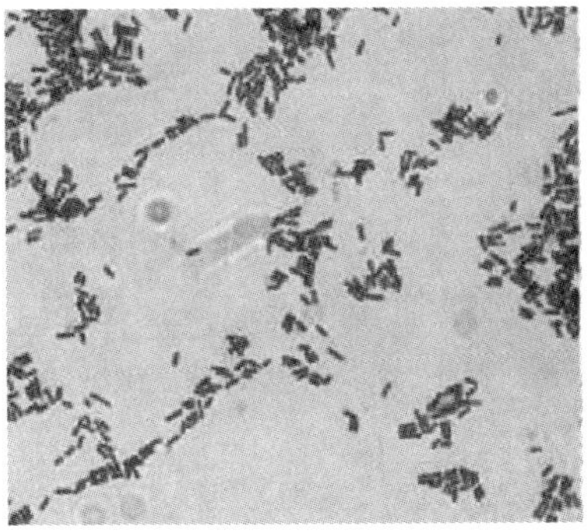

(a) 革兰氏阳性菌

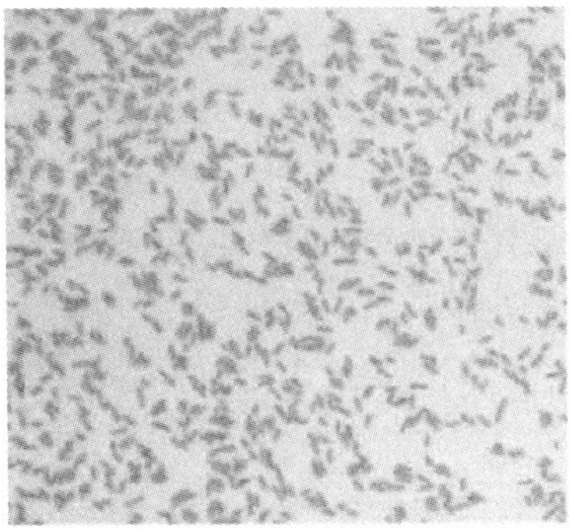

(b) 革兰氏阴性菌

图 5-17　革兰氏细菌染色

## 三、仪器与试剂

**1. 仪　器**

酒精灯、载玻片、擦镜纸、显微镜、洗瓶、接种环、打火机、记号笔、废液缸。

**2. 试　剂**

无菌生理盐水、草酸铵结晶紫染液、卢戈氏碘液、石炭酸复红染液、95% 乙醇溶液、番红复染剂、香柏油、二甲苯、培养 16 h 的牛肉膏蛋白琼脂大肠杆菌和黄色葡萄球菌培养基。

## 四、实验内容

**1. 挑菌和涂片**

取一洁净的载玻片，滴一小滴生理盐水于玻片中央，用接种针以无菌操作分别挑取大肠杆菌和金黄色葡萄球菌液滴于载玻片上涂布开来，干燥（可过火 3~4 次）制成薄的涂面。注意取菌不可太多，过火速度要快。

**2. 初　染**

滴加结晶紫（以刚好覆盖菌膜为宜）初染时，所有细菌都被染成初染剂的蓝紫色，染色 1~2 min 后用水洗去结晶紫直至无色。

**3. 媒　染**

用卢戈氏染液冲去残留水剂，再用碘液覆盖 1 min，倾去碘液，水洗至流出水无色（碘作为媒染剂，与结晶紫结合成结晶紫-碘的复合物，增强了染料与细菌的结合力）。

**4. 脱　色**

将玻片上残留的水用吸水纸吸去，在白色背景下用滴管滴加 95%酒精脱色 15~20 s，然后立即用流水冲洗洗去乙醇（乙醇脱色是革兰氏染色操作的关键环节，脱色不足，阴性菌被误染成阳性菌；脱色过度，阳性菌被误染成阴性菌）。

**5. 复　染**

将玻片上的水用吸水纸吸去，滴加复染剂，用番红复染液染色 3~5 min，水洗后用吸水纸吸干。革兰氏阳性菌仍保留初染剂的蓝紫色，而革兰氏阴性菌被染上复染剂的红色。

6. 镜　检

先倒去染液，再用自来水冲洗，直至涂片上流下的水无色为止。用电吹风吹干或自然干燥后，先用低倍观察，再用高倍观察，并找出适合的视野后，将高倍镜转出，再涂片上滴加一滴香柏油，将油镜头浸入油滴中仔细调焦观察染色结果并绘图。

## 五、注意事项

（1）标本涂片不能太厚，严格按操作要求进行。若涂片较厚，应延长脱色时间，直至不再出现紫色为止。

（2）玻片通过火焰温度不能太高。

（3）碘液变透明，则不能使用。

（4）水洗时动作要轻柔，沿载玻片对角线方向用洗瓶冲洗，以免把菌体冲掉。

## 六、思考题

（1）是否可以不做复染？

（2）革兰氏染色的关键步骤是什么？为什么？

（3）造成革兰氏染色结果不正确的原因有哪些？

（4）通过革兰氏染色，你认为它在微生物学中有何实践意义？

# 实验十三　稀释平板菌落计数法

## 一、实验目的

（1）学习稀释平板菌落计数的基本原理和方法。

（2）掌握涂抹平板培养法和混合平板培养法，认识细菌、霉菌的菌落特征。

## 二、实验原理

自然条件下，微生物常以群落状态存在，这种群落往往是不同种类微生物的混合体。为了研究某种微生物的特性或者要大量培养和使用某种微生物，必须从这些混杂的微生物群落中获得纯培养，这种获得纯培养的方法称为微生物的分离和纯化。分离微生物时，一般是根据该微生物对营养、pH、氧气等要求的不同，供给它们适宜的生活条件，或加入某种抑制剂造成只利于该菌种生长，不利于其他菌种生长的环境，从而淘汰不需要的菌种。分离微生物常用的方法有稀释平板分离法和划线分离法，根据不同的材料，可以采用不同方法，其最终目的是要在培养基上出现欲分离微生物的单个菌落，必要时再对单个菌落进一步分离纯化。在用稀释平板分离微生物时，还可以同时测定待分离的微生物的数量。

平板菌落计数法是根据微生物在固体培养基上所形成的一个菌落是由一个单细胞繁殖而成的现象进行的，也就是说一个菌落即代表一个单细胞。计数时，先将待测样品做一系列稀释，再取一定量的稀释菌液接种到培养基中，使其可以均匀分布于平皿中的培养基内，经培养孵育后，由单个细胞生长繁殖形成菌落，统计菌落数目，即可换算出样品中的含菌数目（图 5-18）。这种计数法的优点是能测出样品中的活菌数。此法常用于某些成品检定（如杀虫菌剂），生物制品检定以及食品、水源的污染程度的检定等。但平板菌落计数法的手续较为繁杂，而且测定值常受各种因素的影响。

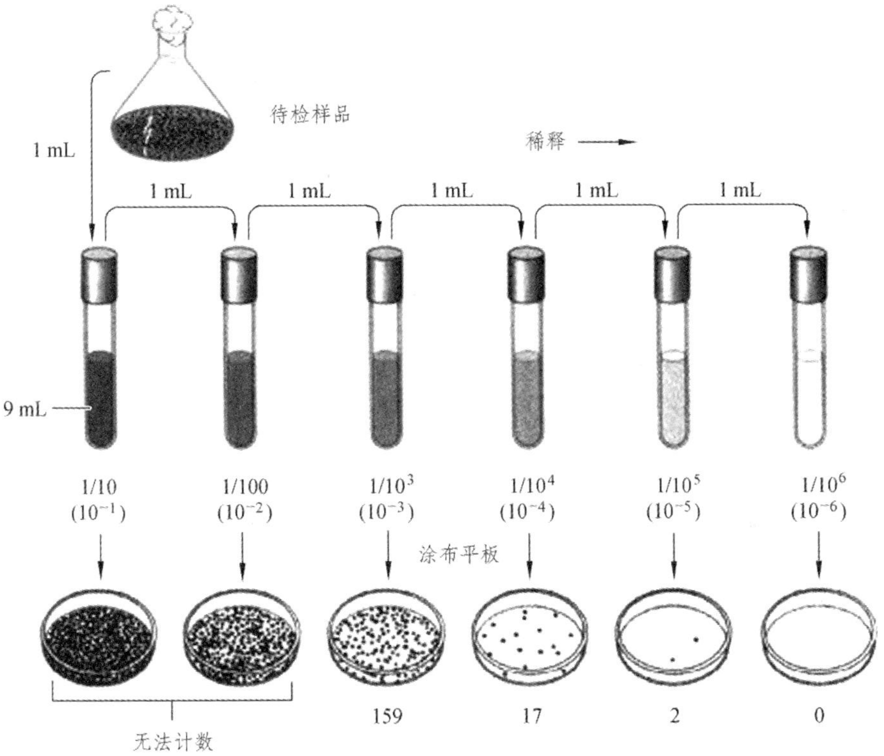


图 5-18　平板菌落计数法原理图

## 三、仪器与试剂

### 1. 仪　器

移液器、移液枪头、无菌培养皿、试管、试管架、恒温培养箱、记号笔、酒精灯、涂布棒、试管振荡器。

### 2. 试　剂

大肠杆菌悬液、牛肉膏蛋白胨培养基、蒸馏水。

## 四、实验内容

### （一）无菌器材的准备

取 9 套无菌培养皿，包扎、灭菌；另取 6 支试管，分别盛有 4.5 mL 蒸馏水，加棉塞进行灭菌。

### （二）样品稀释液的制备

**1. 编　号**

取 9 套无菌培养皿，分别用记号笔标注稀释度为 $10^{-4}$、$10^{-5}$、$10^{-6}$ 培养皿各 3 套；另外再将灭菌处理的 6 支试管分别标注为 $10^{-1}$、$10^{-2}$、$10^{-3}$、$10^{-4}$、$10^{-5}$、$10^{-6}$。

**2. 稀　释**

使用 1000 μL 的移液枪吸取 500 μL 已充分振荡均匀的细菌悬浮液至 $10^{-1}$ 的试管中，此即将细菌稀释 10 倍，随后将 $10^{-1}$ 试管置于试管振荡器上振荡，进而使菌液充分混匀。用 1000 μL 移液器插入 $10^{-1}$ 试管中来回吸吹细菌悬浮液 3~4 次，进一步使细菌分散混合均匀。来回吸吹菌液时不能太猛、吸放太快，防止将菌液吸入移液枪内。移液枪枪头需伸入试管底部，吹时需离开菌液面，以免使试管内液体外溢。更换枪头，使用移液枪从 $10^{-1}$ 的试管中吸取 500 μL 菌液移入 $10^{-2}$ 的试管中，此即将细菌稀释 100 倍。其余稀释倍数依此类推，整个过程如图 5-18 所示。吸放菌液时每一个枪头只能接触一个稀释度的细菌悬浮液，否则稀释将不准确，结果误差较大。

**3. 平板接种培养**

平板接种培养有浇注平板培养法和涂布平板培养法两种方法。具体操作如下：

（1）浇注平板培养法

①取样

用三根 1000 μL 的枪头分别吸取 $10^{-4}$、$10^{-5}$ 和 $10^{-6}$ 的稀释细菌悬浮液各 1000 μL，对应放入做好标注稀释度的无菌培养皿中，在每个培养皿中央放入 200 μL 菌液。不能用 1 mL 吸管每次只靠吸管尖部吸 200 μL 稀释菌液放入培养皿中，这样容易加大同一稀释度 3 个平板间的操作误差。

②倒平板

尽快将液体培养基倒入上述盛有不同稀释度菌液的培养皿中融化后冷却至 45℃左右，每个培养皿倒入培养基约 15 mL，待处于水平位置后迅速转动培养皿，使培养基与菌液混合均匀，而又不能使培养基荡出培养皿或者溅到培养皿盖子上。待液体培养基冷却凝固后，将平板倒置于 37 ℃的恒温培养箱中培养。

由于细菌会吸附到玻璃器皿表面，所以将菌液加入培养皿后，应尽快倒入融化并待其冷却至 45 ℃左右的培养基，立即摇匀，否则细菌将不易分散或长出的细菌会连成一片，影响对细菌的计数。

（2）涂布平板计数法

平板菌落计数法的操作除了倾注倒平板方式以外，还可采用涂布平板方式进行计数（图 5-19）。二者的操作方式基本相同，不同的是涂布平板计数法先将液体培养基融化后倒入平板，待凝固后进行编号，并将培养皿置于 37 ℃左右的温箱中烘烤 30 min，或者在超净台上开风将其吹干，然后用移液枪吸取稀释好的菌液对应接种到不同稀释度编号的培养皿中，并尽快用无菌玻璃涂布棒将菌液在平板上均匀涂开，将涂布好的培养皿平放于实验台上 20~30 min，待菌液完全渗入培养基表层里，随后将培养皿倒置放于恒温培养箱中培养 24~48 h。一般涂布平板取用的细菌悬浮液量以 0.1 mL 为最适液量，如果取用菌液量过少，菌液将不易涂布开；如果过多，则在涂布完成后或在培养时菌液仍会在平板表面流动，不易形成单一菌落。

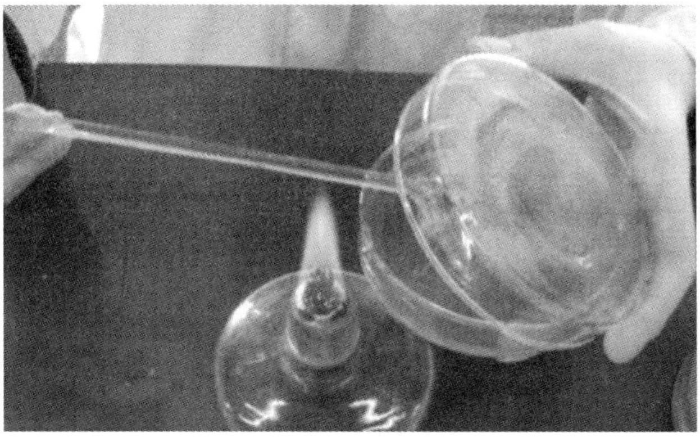

图 5-19　涂布平板操作法

4. **计　数**

待培养 48 h 后，取出培养皿平板，算出同一稀释度下 3 个平板上的菌落平均数，并按照下列公式进行计算：

每毫升中菌落形成单位（cfu）=同一稀释度 3 次重复的平均菌落数×稀释倍数×5

到达规定的培养时间后，需立即计数，如不能按规定时间计数，则应将平板放置于 0~4 ℃的冰箱中，但时间不宜超过 24 h。若实验的稀释度均不在技术区间内，例如，菌落数大于 300，则取最高稀释度的平均菌落数乘以稀释倍数；菌落数小于 30，则以最低稀释度的平均菌落数乘以稀释倍数。当计数平板内的菌落数过多，但分布很均匀时，可取平板的一半或者 1/4 进行计数，再乘以相应的稀释倍数即可作为该平板的菌落数。

实验过程中同一稀释度的对照平板不能少于 3 个，便于计算平均数减小误差。由 $10^{-4}$、$10^{-5}$、$10^{-6}$ 3 个稀释度计算出的每毫升菌液中总活菌数也不应该相差太大，如相差太大则说明实验结果不准确，实验过程存在差错。平板菌落计数法选择倒平板的稀释度也是很重要的。

## 五、注意事项

（1）计数时一般选择每个平板上长有 30~300 个菌落的稀释度计算每毫升的含菌量较为合适。同一稀释度的 3 个重复对照的菌落数不应相差很大，否则说明涂布实验过程存在误差，菌落数不精确。

（2）平板菌落计数法，所选择倒平板的稀释度是很重要的。一般以 3 个连续稀释度中第二个稀释度倒平板培养后所出现的平均菌落数在 50 个左右为好，否则要适当增加或减少稀释度加以调整。

（3）涂布平板用的菌悬液量一般以 0.1 mL 较为适宜，如果过少菌液不易涂布开，过多则在涂布完后或在培养时菌液仍会在平板表面流动，不易形成单菌落。

## 六、思考题

（1）为什么融化后的培养基要冷却至 45 ℃左右才可以倒平板？

（2）要准确对平板菌落进行计数，需要掌握哪些关键步骤？为什么？

（3）试分析平板菌落计数法和在显微镜下直接进行计数的优缺点及其应用。

（4）用浇注平板法和涂布法计数，在平板上长出的菌落有何区别？为什么需要继续培养 48 h 后才可观察结果？

# 实验十四　血球计数板的计数原理及应用

## 一、实验目的

（1）了解血球计数板的结构。

（2）掌握利用血球计数板计数微生物细菌数的原理和方法。

## 二、实验原理

血球计数板是一块比普通载玻片厚的特制厚型载玻片，其上有 4 条凹槽构成 3 个平台。中间的平台较宽，又被一短横槽分隔成两半，每一边的平台上各刻有 1 个方格网，每个方格网上刻有 9 个大方格，中间的一个大方格即为计数室，微生物的计数即在计数室中进行（图 5-20）。计数室的刻度通常有两种规格，一种是将一个大方格分为 16 个中方格，又将每个中方格分为 25 个小方格，即 16×25 型；另一种是一个大方格分为 25 个中方格，又将每个中方格分为 16 个小方格，即 25×16 型。但不论是哪一种规格的计数板，它们都有一个共同点，那就是每一个大方格的小方格数是相同的，即 16×25=25×16=400 个小方格。计数区边长为 1 mm，则计数区面积为 1 $mm^2$，每个小方格的面积为 1/400 $mm^2$。盖上盖玻片后，计数区的高度为 0.1 mm，所以每个计数区的体积为 0.1 $mm^3$，每个小方格的体积为 1/4000 $mm^3$。使用血球计数板计数时，先要测定每个小方格中的微生物数量，再换算成每毫升菌液中微生物细胞的数量。在计数时，通常先数 5 个中方格的总菌数，然后求得每个中方格的平均值，再乘上 16 或 25，就得出一个大方格的总菌数，然后再换算成 1 mL 菌液中的总菌数。

利用血球计数板在显微镜下直接计数是一种常用的微生物计数方法。该方法的优点是直观、快速、重复性高。将经过适当稀释的细菌悬浮液放在血球计数板载玻片与盖玻片之间的计数室中，在显微镜下观察进行计数。由于计数室的容积是一定的（0.1 $mm^3$），所以可以根据在显微镜下观察到微生物数目来换算成单位体积内的微生物总数目。

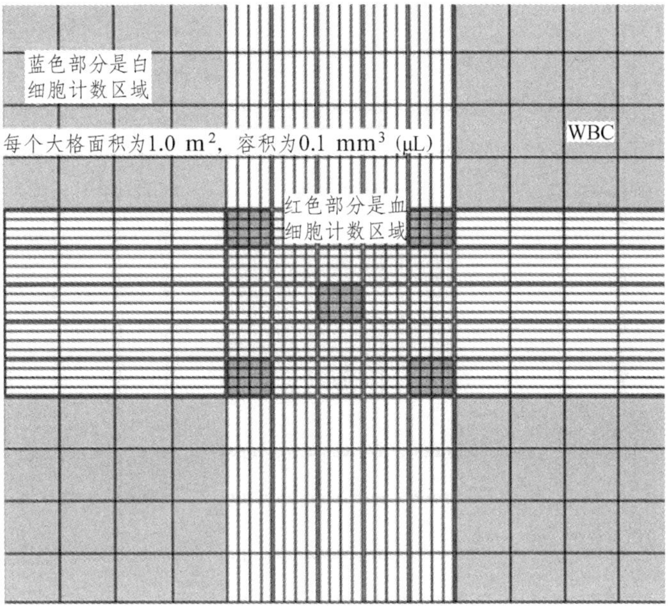


图 5-20　血球计数板构造

## 三、仪器与试剂

### 1. 仪　器

血球计数板、显微镜、移液器、移液管、载玻片、盖玻片。

### 2. 试　剂

酵母菌斜面、培养液、蒸馏水。

## 四、实验内容

### 1. 器材准备

将血细胞计数板及盖玻片洗净、晾干待用；对实验仪器消毒灭菌待用。

### 2. 稀　释

取接种酵母菌的斜面于试管中，加无菌水摇晃试管 1 min，使其形成菌液；将菌液倒入洁净的 150 mL 锥形瓶中，加 3 滴结晶紫试剂摇晃 2 min，再加无菌水至 50 mL。

### 3. 镜检计数室

在加样前，先对计数板的计数室进行镜检，若计数板上有污物，则需进行清洗，吹干后才能进行计数。

4. **加样品**

将清洁干燥的血球计数板加盖专用的盖玻片，用吸管吸取稀释后的酵母菌悬浮液，滴加到盖玻片边缘，让培养液缓慢渗入血球计数板上，一次性充满计数室，防止产生气泡。充入细胞悬浮液的量以不超过计数室台面与盖玻片之间的矩形边缘为宜，多余的培养液可以用滤纸吸取。

5. **显微镜计数**

静置 5 min 后，将血球计数板放置于显微镜载物台上，先调节低倍镜找到计数室所处的位置，然后换成高倍镜放大后进行计数。在计数前若观察到菌液太浓或太稀，则需要重新调节稀释度再进行观察计数。在加样品时一般以每小格内 5~10 个菌体的样品稀释度为宜，每个计数室选 5 个中格（可选 4 个角和中央的中格）中的菌体进行计数。位于格线上的菌体一般只数上方和右边线上的菌。若遇酵母出芽，当芽体大小达到母细胞的一半时，即可作为 2 个菌体计数。计数一个样品要从两个计数室中计得的值来计算样品中的含菌量。每个样品重复计数 2~3 次，求出每个小格中细胞平均数（$N$），按公式计算出单位体积（mL）或单位质量（g）菌悬浮液所含的酵母菌细胞数量。

6. **清洗血球计数板**

当使用完毕后，将血球计数板用自来水冲洗，切记不可使用硬物进行刷洗，洗完后待其自行晾干或用吹风机吹干。镜检观察每小格内是否有残留菌体或其他沉淀物。若清洗不干净，则必须重复洗涤至干净为止（注意：血球计数板计数室只能用水冲洗，不得进行擦拭）。

## 五、注意事项

（1）务必使分散成单个细胞，取样计数前，充分混匀细胞悬液。

（2）显微镜下计数时，遇到 2 个以上细胞组成的细胞团，应按单个细胞计算。如果细胞团>10%，说明细胞分散不充分。

## 六、思考题

（1）描述血球计数板的技术原理。为什么用两种规格不同的计数板计数同一样品，结果是一样的？

（2）如果计数室中出现气泡，会出现什么误差？怎么处理？

（3）如果先滴加菌液，再加盖玻片，容易出现什么误差？如何处理？

（4）使用显微镜下进行计数，需要注意哪些问题？

（5）如果细胞数目过多，难以数清，应该采取什么措施？

# 实验十五　细菌的生长表现形态学观察实验

## 一、实验目的

（1）掌握显微镜油镜的使用。

（2）掌握细菌形态观察的基本方法。

（3）了解细菌的基本形态和结构。

## 二、实验原理

显微镜一般有几个放大倍数不同的物镜，例如低倍物镜有 4×、10×，高倍物镜有 40×。物镜与标本之间不需要加任何液体介质进行观察的称为干燥物镜；而在使用时需要在标本和物镜之间加入折射率大于 1 的液体作为介质的 100×的物镜称为油浸物镜，油浸物镜加入液体介质后才能符合该物镜数值孔径本身对介质折射率的需求。数值孔径与显微镜的分辨率成正比例关系，即数值孔径越大，公式 $d=0.61\lambda/N$（$d$ 为分辨距离，单位符号 nm；$\lambda$ 为照明光波长，单位符号 nm；$N$ 为数值孔径）中的 $d$ 越小，分辨率则越高。

细菌的形态一般有三种基本形态（图 5-21），即球形、杆形、螺旋形，分别称为球菌、杆菌、螺旋菌，有些细菌有荚膜、鞭毛、芽孢、菌毛等特殊结构。通过使用显微镜观察细菌的菌落的各种特性，如菌落的大小、形态、颜色、光泽、边缘、黏度等，便于进一步确定对该菌落的鉴别。

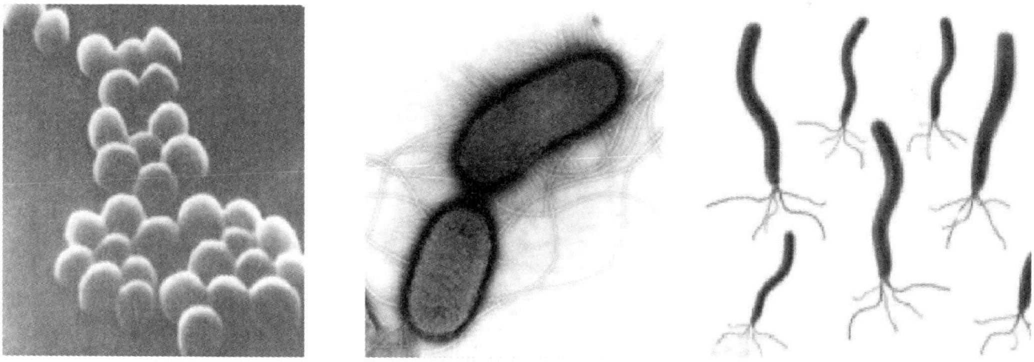

（a）球菌　　（b）杆菌　　（c）螺旋菌

图 5-21　细菌的基本形态

## 三、仪器与试剂

### 1. 仪　器

显微镜、擦镜纸、吸水纸、接种环、载玻片、盖玻片。

2. 试　剂

大肠杆菌、葡萄球菌、芽孢杆菌、醋酸杆菌、金黄色葡萄球菌、放线菌、褐球固氮菌、香柏油、二甲苯。

## 四、实验内容

1. 显微镜油镜的使用

本实验所用显微镜如图 5-22 所示。先用低倍物镜观察大肠杆菌或金黄色葡萄球菌，移动所需观察部位到视野中央，随后更换高倍物镜进行观察。将载物台下降，再将油镜转到工作位置，在盖玻片上需要观察的部位滴加一滴香柏油，细微调动粗调螺旋，将载物台缓慢上升，从侧面观察物镜与标本之间的距离，先使物镜前端与油滴接触，然后再缓慢上升载物台直至物镜前端接近而没有碰到盖玻片为止。操作过程需细心谨慎，防止下降油镜压碎标本及损坏油镜（油镜的工作距离为 0.2 mm）。调节载物台高度通过目镜观察标本直至物像清晰，仔细观察并绘图。观察结束后，下降载物台，移开物镜镜头，取下标本玻片，做好清洁工作，用擦镜纸擦拭干净。

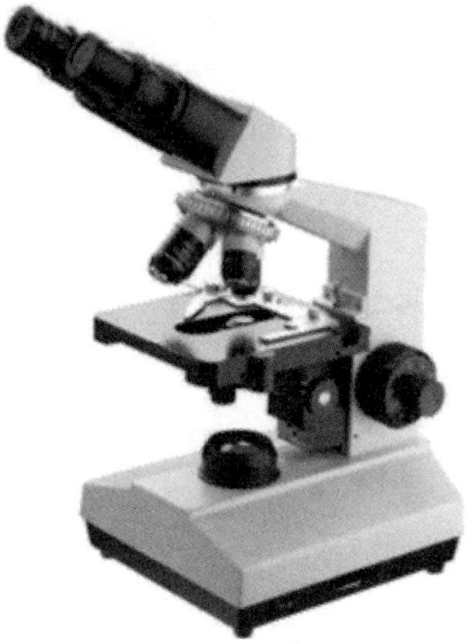

图 5-22　双目生物显微镜

2. 细菌生长表现形态的观察

用低倍镜、高倍镜和油镜观察大肠杆菌、葡萄球菌、芽孢杆菌、醋酸杆菌、金黄色葡萄球菌、放线菌、褐球固氮菌等的染色装片，观察细菌的基本形态和其细胞结构。细菌形态学观察的实验有悬滴法、压滴法、革兰氏染色法、荚膜染色法、鞭毛染色法和芽孢染色法。

3. 在固体培养基中的生长表现

细菌在固体培养基中存在两种生长表现，即菌苔和菌落。菌苔：细菌在培养基表面会形成一层苔状物；菌落：单个细菌在固体培养基中繁殖而成的群落称为菌落。通过观察菌落的大小、形态、颜色、光泽、边缘、黏度等特点可鉴别菌落；通过在琼脂平板上分离菌落可对细菌进行纯化菌种。

**4. 在液体培养基中的生长表现**

细菌在液体培养基中存在三种生长表现，即混浊生长、沉淀生长和表面生长。混浊生长：大多细菌的液体均匀混浊或存在少量沉淀；沉淀生长：链球菌的液体清晰，主要集中在管底形成沉淀；表面生长：专性需氧菌液体清晰，主要生长在液面形成菌膜。

**5. 在半固体培养基中的生长表现**

细菌在半固体培养基中存在两种生长表现，即线性生长和雾状生长。线性生长：无鞭毛的细菌无法运动，因此只能沿着穿刺线生长，穿刺线周围界限清晰；雾状生长：有鞭毛的细菌可以运动，会沿着穿刺线弥漫性生长，穿刺线周围界限模糊。

## 五、思考题

（1）细菌未被染色时，使用油镜对细菌进行观察有何困难？

（2）观察细菌形态时如何区分装片上的细菌和杂菌？

# 实验十六　细菌透射电镜样品制备实验

## 一、实验目的

（1）了解透射电镜生物样品制备的基本要求。

（2）熟悉透射生物生物样品制备的方法和基本原理。

## 二、实验原理

透射电子显微镜（TEM）是以波长极短的电子束为光源、用电磁场作为透镜聚焦成像的一种高分辨率、高放大倍数的电子显微镜，它能观察到在光学显微镜下无法看清的精细结构。透射电子显微镜把经加速和聚集的电子束投射到样品上，电子与样品中的原子发生碰撞而改变方向，产生立体角散射。散射角的大小与样品的形貌、组织、结构、密度、厚度相关，因此可以形成明暗不同的图像。由于电子的穿透能力非常弱，因此透射电镜观察的样品必须很薄。透视电子显微镜技术可直接观察到生物细胞、微生物内的各种细胞器和大分子物质，它也成为研究生物组织、细胞和微生物超微结构的重要工具。

透射电镜生物样品制备技术是准确观察细胞、细菌内外超微结构的最基本、最关键的步骤。由于细菌是由碳、氢、氧、氮等低原子序数的元素组成的，散射电子的能力低，在电镜下的色差较弱，因此细菌样品在观察前必须经过染色增强反差处理。细菌电镜透射样品制备中常用的染色剂大部分是磷钨酸钠、磷钨酸钾等重金属盐类化合物，这些物质电子密度高，本身不显示结构且几乎不与样品发生反应。细菌经过浸染后，不同结构处可吸附不同种类或不同数量的重金属离子，结合重金属离子多的区域对电子的散射能力强，在透射电子显微镜下呈现出致密的黑色，而吸附重金属离子少的区域颜色较浅，这样便能把样品的外形与表面结构清楚地衬托出来。

## 三、仪器与试剂

**1. 仪　器**

培养皿、接种环、离心管、毛细管、铜网、滤纸、显微镜、恒温孵育箱、超净工作台等。

**2. 试　剂**

牛肉膏蛋白胨琼脂培养基、无菌生理盐水、大肠杆菌、磷钨酸钠。

## 四、实验内容

（1）在牛肉膏蛋白胨琼脂培养基上接种大肠杆菌，在恒温孵育箱中培养 24 h。

（2）培养后，加入无菌生理盐水约 5 mL 细菌斜面，用接种环刮下菌体，制成菌悬液。

（3）取等量上述菌悬液与 2%的磷钨酸钠水溶液混合，制成混合菌悬液。

（4）使用无菌毛细管取混合菌悬液滴在铜网上。

（5）用滤纸从铜网边缘轻轻吸去多余水分。待铜网自然晾干后，置于低倍光学显微镜下检查，挑选膜完整、菌体分布均匀区域观察。

## 五、思考题

简述在透射电子显微镜下观察到的细菌形貌。

# 实验十七　药敏试验

## 一、实验目的

（1）掌握药敏试验的临床意义、原理和操作步骤。

（2）学会通过药敏试验比较同一细菌对不同药物的敏感性。

## 二、实验原理

体外抗菌药物敏感性试验是一种在体外测定药物抑菌能力的方法，旨在通过体外试验的方法测试细菌微生物对各种不同的抗生素的敏感程度。若某一种抗生素能够以很小的剂量抑制致病菌，则可认为该种致病菌对此抗生素“敏感”。

目前，药敏试验主要有两种操作方法，即纸片扩散法和稀释法。

纸片扩散法也称为 Kirby-Bauer 法。这个试验中，将含有定量抗菌药物的纸片平贴于接种有待测细菌的琼脂平板培养基上，纸片中所含的药物吸收琼脂中的水分后溶解，并不断向纸片周围扩散，形成递减的梯度浓度。纸片周围抑菌浓度范围内的菌株会停止生长，进而形成无菌生长的透明的抑菌圈。药物扩散得越远，抑菌药物浓度越低，待测药物的抑菌能力越强，因此可以根据抑菌圈的大小判断所测菌种对测定抗菌药物的敏感程度。

稀释法是指将一定浓度的抗菌药物稀释至不同浓度后，与肉汤或琼脂混合制成培养基，再接种受试菌株，经细菌孵育培养后观察生长情况，从而进行药敏结果分析。此法少用于临床检测，多用于耐药性的调查。其中，抑制待测菌肉眼可生长的最低药物浓度，即为该药物针对待测细菌的最低抑菌浓度（MIC）。

## 三、仪器与试剂

### 1. 仪　器

Mueller-Hinton（MH）培养基、细菌培养皿、细菌接种环、恒温孵育箱、摇床、无菌棉拭子、镊子、纸片、直尺。

### 2. 试　剂

细菌、琼脂糖、培养液等。

## 四、实验内容

### 1. MH 琼脂平板的制备

称取 21.0 g Mueller-Hinton 培养基，溶于 1000 mL 蒸馏水中。将加热溶解后的培养基在 121 ℃下进行高压蒸汽灭菌 30 min。灭菌后取出培养基，待其冷却至 60 ℃左右时，于超净工作台向无菌培养皿中倒入适量培养基，冷却凝固，备用。

### 2. 接种菌液的制备

用接种环取适量待测菌种菌液，于 MH 琼脂平板上划线接种，放置在 37 ℃恒温孵育箱中培养过夜。从培养过夜的 MH 琼脂平板上，用接种环选取 3~5 个形态特征一致的菌落，分别转移至适量液体培养基中，混匀，置于 35 ℃恒温摇床上孵育 3~4 h。最后，使用液体培养基对菌液进行适度稀释，将其 $OD_{600\ nm}$ 调整至约为 0.2。

### 3. 接种平板

用无菌棉拭子蘸取菌悬液后，在管壁上轻轻旋转挤压几次，挤去多余的菌液。用棉拭子将菌液涂布于琼脂培养基表面，重复几次。最后沿培养皿外圈以保证涂布均匀。半开培养皿盖直至琼脂平板表面水分被完全吸收。

### 4. 贴纸片

用灭菌后的镊子取一张浸过待测药物溶液的纸片，将其贴在琼脂平板表面，轻压使其与琼脂完全接触。

5. 孵　育

贴上纸片后，须在 15 min 内将培养皿放入 35 ℃恒温孵育箱内。

6. 药敏试验结果判定

平板孵育 24 h 后，测量包括纸片直径在内的抑菌圈最大直径。

## 六、思考题

为了保证试验的准确性，在实验操作过程中需要注意哪些地方？

# 实验十八　测定温度、pH 对微生物的影响实验

## 一、实验目的

（1）了解温度、pH 对微生物生长的影响与作用机制。

（2）学习和掌握最适宜微生物生长的温度、pH 的测定。

## 二、实验原理

微生物的细胞物质是非常复杂的，如果微生物的生长环境因素适宜，各种内物质就能保持平衡状态。若环境因素发生变化，这种平衡就受到干扰，微生物就不能维持其正常的生命活动甚至死亡。因此，了解外界条件（如温度、pH 等）对微生物活性的影响有着重要意义。

温度是影响微生物生长繁殖最重要的因素之一。在一定温度范围内，机体的代谢活动与生长繁殖随着温度的上升而增加，当温度上升到一定程度，开始对机体产生不利的影响，如再继续升高，则细胞功能急剧下降以至死亡。高温会使蛋白质、核酸等重要生物大分子发生变性，以及破坏细胞膜上的类脂成分，导致微生物死亡。但在低温下，其死亡速度比在高温下要缓慢得多。一般认为，低温只是阻止微生物繁殖，不能彻底杀死微生物，一旦温度升高至适宜水平，微生物的繁殖也逐渐恢复。

此外，pH 也对微生物生长繁殖影响较大。微生物内部由于细胞膜的屏蔽作用、缓冲液的调节，pH 一般保持在中性。但外界的 pH 变化会通过影响细胞膜蛋白及胞外水解酶的活性、膜表面电荷的性质及膜的通透性、营养物的解离与吸收等方式使微生物的活性下降。

## 三、仪器与试剂

1. 仪　器

恒温水浴锅。

2. 试　剂

大肠杆菌、牛肉膏蛋白胨液体培养基等。

## 四、实验内容

### 1. 温度对微生物的影响

（1）在牛肉膏蛋白胨培养基上接种大肠杆菌。

（2）将培养皿分别置于 20 ℃、60 ℃及 4 ℃环境下培养，24 h 后观察细菌生长情况。

### 2. pH 对微生物的影响

（1）将培养 48 h 的大肠杆菌斜面加入无菌生理盐水 5 mL，用接种环刮下菌体，制成菌悬液。

（2）向洁净的试管中加入 4 mL 不同 pH 的肉膏蛋白胨液体培养基，编号并标明处理 pH。

（3）向各组试管中加入大肠杆菌悬液 0.2 mL，然后封口置于恒温孵育箱内培养 24 h。

（4）在琼脂平板上分别接种各组菌悬液，培养 24 h 后观察细菌生长情况。

## 五、注意事项

吸取菌液时要将菌液吹打均匀，保证各管中接入的菌液浓度一致。

## 六、思考题

温度、pH 对微生物的生长有何影响？

# 实验十九　不同纳米药物抗菌试管实验

## 一、实验目的

（1）掌握试管法评价药物抗菌性能的方法。

（2）学习通过试管法抗菌实验测定纳米药物的最小抑菌浓度。

## 二、实验原理

由于抗生素等化学药物的滥用，越来越多的细菌出现了耐药性。作为一种新型的抗菌剂，纳米抗菌药物凭借其独特的物化性质、抗菌的光谱性和高效性在生物医学领域显示出了良好的应用前景。在多样的纳米抗菌药物中选择抗菌效果更佳的药物进行治疗对科研及临床应用有着重要指导作用。

试管稀释法是在体外定量测定抗菌药物抑制细菌生长效力的一种重要方法。试管稀释法可以较准确地测定出某种抗菌药物对某种菌种的最小抑菌浓度。最小抑菌浓度

（MIC）是指在体外培养某种细菌约 24 h 后能明显抑制培养基内病原菌生长的最低药物浓度，是一个定量评价抗菌药物的抑菌活性的指标。

本实验以 Fe-POM 和 W-POM 两种不同的多金属氧酸盐为对象，比较这两种新型纳米抗菌药物的抑菌效果。

## 三、仪器与试剂

### 1. 仪　器

离心管、试管、恒温孵育箱等。

### 2. 试　剂

大肠杆菌、牛肉膏蛋白胨液体培养基、Fe-POM、W-POM 等。

## 四、实验内容

### 1. 菌液的制备

取适量待测菌种菌液，用液体培养基对其进行稀释，使菌液浓度为$(1\sim2)\times10^8$ CFU/mL。置于恒温孵育箱中备用。

### 2. 稀释抗菌药物的制备及菌液接种

取 12 支灭菌试管，分为两组，编号。按照无菌操作向每管中加入 1 mL 液体培养基，并向 1 号试管中加入原浓度（400 μg/mL）的纳米药物溶液 1 mL，混匀。从 1 号试管取出 1 mL 液体加至 2 号管中，混匀；再从 2 号试管在取出 1 mL 液体加至 3 号管中，混匀；依次操作。每组 6 号试管不加药物溶液，只加入 1 mL 液体培养基，作为对照。最后从每组的 5 号试管中分别取出 1 mL 液体，弃去。从而获得不同浓度梯度的溶液，如 25 μg/mL、50 μg/mL、100 μg/mL、200 μg/mL、400 μg/mL。

### 3. 孵　育

将接种好的稀释试管封口，置于 37 ℃恒温孵箱中培养 24 h。

### 4. 结果判定

观察各组试管中菌株的生长情况。将实验管与对照管比较，若溶液更澄清则表明实验管有抗菌作用。以完全抑制细菌生长的最低浓度为最小抑菌浓度。最小抑菌浓度越小，表明其抑菌效果越好。

## 五、思考题

培养 24 h 后对照管澄清或混浊分别代表什么？

# 实验二十　AO/EB 双荧光死活染色实验

## 一、实验目的

（1）了解 AO/EB 双荧光死活染色的原理。

（2）学习并掌握 AO/EB 双荧光死活染色的方法。

## 二、实验原理

吖啶橙（AO）是一种荧光染料，它常用于检测细胞内 DNA 和 RNA。吖啶橙可与 DNA 和 RNA 发生插入性结合，嵌入核酸链的碱基对之间，它与 DNA 结合发绿色荧光，与 RNA 结合发橘黄色或橘红色荧光。吖啶橙染料具有膜通透性，能透过细胞膜，使 DNA 和 RNA 染色。因此，在荧光显微镜下观察，吖啶橙可透过正常细胞膜，使细胞核呈绿色或黄绿色均匀荧光；而在凋亡细胞中，因染色质固缩或断裂为大小不等的片段，形成凋亡小体，坏死细胞的黄色荧光会减弱甚至消失。

溴化乙啶（EB）是一种高度灵敏的荧光染色剂，也可用于标记细胞 DNA，但由于其不能透过活细胞的细胞膜，只能插入死细胞的 DNA 碱基之间而使其发射出橙红色荧光信号。

结合吖啶橙和溴化乙啶两种荧光染料的特性，AO 与 EB 常结合用于双染，由此区分出正常细胞、凋亡细胞及坏死细胞。AO 染料被或细胞吸收而使活细胞呈现出绿色；EB 染料使死细胞呈现出橙红色。

## 三、仪器与试剂

### 1. 仪　器

离心管、载玻片、盖玻片、低速离心机、荧光倒置显微镜等。

### 2. 试　剂

AO/EB 双荧光死活染色试剂盒。

## 四、实验内容

（1）AO/EB 工作液的配制：取 AO 溶液、EB 溶液、AO/EB 缓冲溶液，按照体积比 1∶1∶8 的比例混合成 AO/EB 工作液。

（2）向每份细胞样品中加入 AO/EB 工作液，混合均匀。

（3）低速离心 5 min，弃去上清液。

（4）用 AO/EB 缓冲溶液重悬细胞，将细胞密度调整为$(0.5\sim5)\times10^6$个/mL。

（5）向每 25 μL 细胞悬液中加入 1 μL AO/EB 工作液，轻轻吹打混合均匀。

（6）取洁净载玻片，滴加 5 μL 细胞悬液，轻轻盖上盖玻片。

（7）在荧光倒置显微镜下观察。

## 五、思考题

AO/EB 染色选取的细菌菌液浓度为什么不能过高？

# 参考文献


[1] OZIN G, ARSENAULT A, CADEMARTIRI L. A chemical approach to nanomaterials[J]. Nanochemistry, 2008, 895: 876.

[2] 汪信，刘孝恒. 纳米材料化学简明教程[M]. 北京：化学工业出版社，2014.

[3] 刘庄，许利耕. 纳米生物学交叉生物教程[M]. 北京：科学出版社，2017.

[4] 赵华绒，等. 化学实验室安全与环保手册[M]. 北京：化学工业出版社，2013.

[5] 夏玉宇. 化学实验室手册[M]. 3 版. 北京：化学工业出版社，2015.

[6] 谷凤才，等. 基础化学实验教程[M]. 2 版. 北京：科学出版社，2004.

[7] 李善忠. 材料化学实验[M]. 北京：化学工业出版社，2011.

[8] 汪丽梅，等. 材料化学实验教程[M]. 北京：冶金工业出版社，2011.

[9] 赵波等. 材料化学实验[M]. 南京：南京师范大学出版社，2011.

[10] 朱俊武，等. 材料化学实验[M]. 南京：南京理工大学出版社，2009.

[11] 王金发，等. 细胞生物学实验教程[M]. 北京：科学出版社，2004.

[12] 王崇英，等. 细胞生物学实验[M]. 北京：高等教育出版社，2011.

[13] 甘牡丹，等. 纳米生物学交叉学科实验教学与实践[J]. 教育教学论坛，2019(50): 279-280.

[14] 杨洪兵，等. 细胞生物学实验[M]. 北京：高等教育出版社，2018.

[15] 刘小玲，等. 动物细胞培养技术[M]. 北京：化学工业出版社，2013.

[16] 吴后男. 流式细胞术原理与应用教程[M]. 北京：北京医科大学出版社，2008.

[17] 王蒂. 细胞工程实验教程[M]. 北京：中国农业出版社，2007.

[18] 陈钧辉. 生物化学实验[M]. 北京：科学出版社，2003.

[19] 程丽娟，等. 微生物学实验技术教程[M]. 北京：科学出版社，2012.

[20] 武金霞. 生物化学实验教程[M]. 北京：科学出版社，2012.

[21] 陈钧辉，等. 生物化学实验[M]. 3 版. 北京：科学出版社，2013.

[22] 周德庆. 微生物学实验教程[M]. 北京：高等教育出版社，2006.

[23] XU Q Q, HUA Y S, YONG Y, et al. A biofilmmicroenvironment-activated single-atom iron nanozyme with NIR-controllable nanocatalytic activities for synergetic bacteria-infected wound therapy[J]. Advanced Healthcarematerials, 2021, 10(22):

2101374.

[24] ZONG L Y, WU H X, LIN H, et al. A polyoxometalate-functionalized two-dimensional titanium carbide compositemXene for effective cancer theranostics[J]. Nano Research, 2018, 11(8): 4149-4168.

[25] CARDONA-SERRA S, CLEMENTE-JUAN J M, CORONADO E, et al. Lanthanoid single-ionmagnets based on polyoxometalates with a 5-fold symmetry: the series $[LnP_5W_{30}O110]$ $1^{2-}$($Ln^{3+}$= Tb, Dy, Ho, Er, Tm, and Yb)[J]. Journal of the American Chemical Society, 2012, 134(36): 14982-14990.

[26] YONG Y, ZHOU L J, GU Z J, et al. $WS_2$ nanosheet as a new photosensitizer carrier for combined photodynamic and photothermal therapy of cancer cells[J]. Nanoscale, 2014, 6(17): 10394-10403.